헬렌 도론이 소개하는

눈과 입이 즐거운

전세계 채식요리

CookAnd

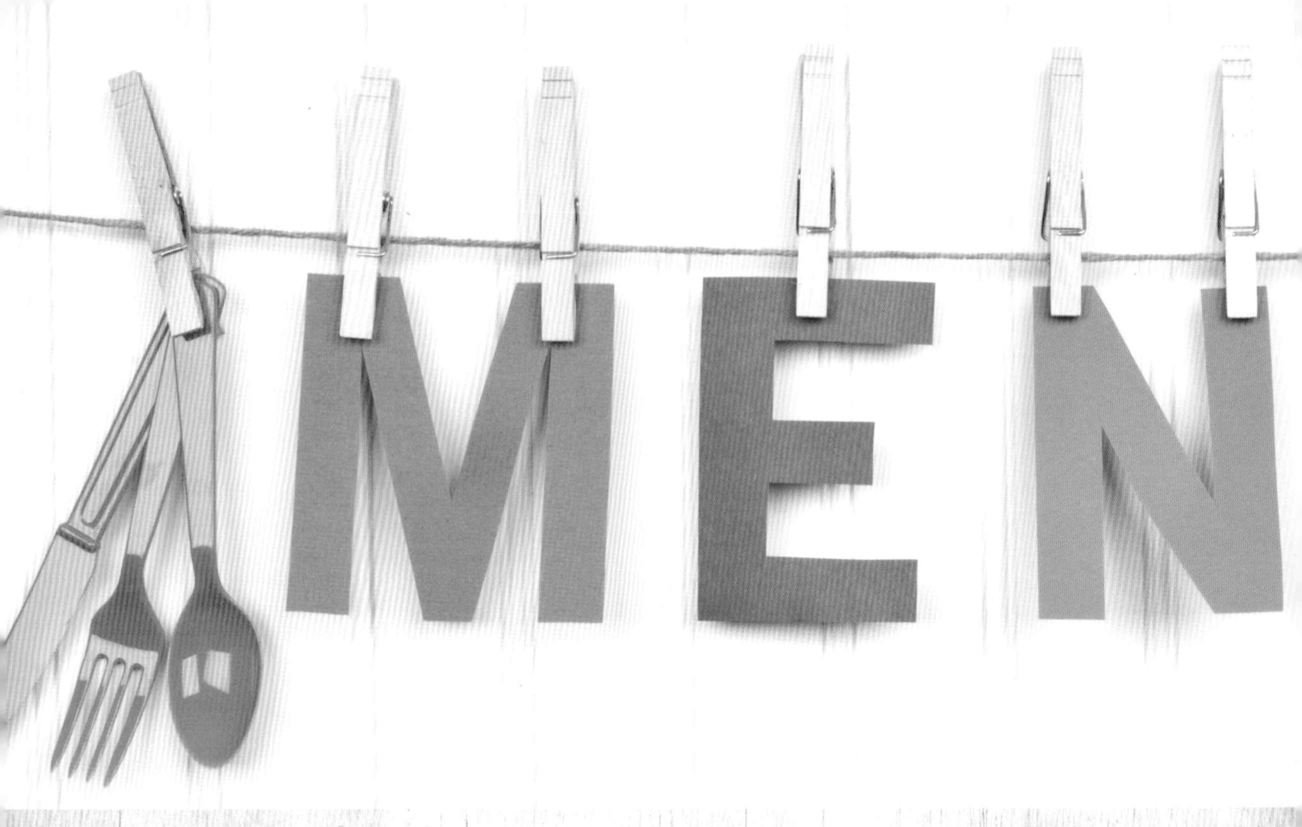

Contents

Contents

스낵

디저트

헬렌 도론의 건강하고 맛있는 가족 식사에 여러분을 초대합니다

가족을 생각하며 계획한 식단은
독자 여러분의 자녀와 가족 모두가
보다 건강한 식생활을
영위할 수 있게 도와줄 것이다.

유아교육은 내 인생에서 모든 열정을 바쳐 일해온 분야다. 30년 이상 아이들을 가르치며 건강한 음식이 자라나는 아이들의 몸과 두뇌발달에 얼마나 필수적인지 알게 됐다. 우리가 해주는 음식은 아이들의 신체발달에 필요한 영양소와 에너지를 공급해줄 뿐 아니라 정서 안정, 집중력 개선, 학습 능력 향상 등에도 영향을 준다.

음식에 대한 기본 태도는 아주 어릴 때부터 형성되므로 건강한 식생활과 맛에 대해 가르치는 것은 아무리 일찍 시작해도 이르지 않다. 왜냐하면 식습관은 아이 인생 전반에서 식생활과 관련된 결정을 내리게 해줄 중요한 바탕으로, 아이 건강의 현재뿐 아니라 미래까지 좌우하기 때문이다.

하지만 영양가가 높고, 맛있으면서, 준비하기도 쉬운 레시피를 찾는 것은 결코 쉬운 일이 아니다. 나는 이 책을 통해 아이들이 좋아하고 동시에 건강까지 고려한 여러 요리법을 소개하게 돼 매우 기쁘게 생각한다. 각 레시피는 신선한 현지 식재료를 바탕으로 구성됐다. 식재료를 선택하는 데 신선함이 가장 중요한 요소이기 때문이다. 일반적으로 신선한 제철 음식은 저렴할 뿐 아니라 풍부한 영양소와 미네랄, 그리고 맛까지 갖추고 있다.

독자 여러분 가족 모두 이 간단하고 맛있는 레시피로 만드는 요리를 분명 좋아하게 될 것이다. 우리가 이 요리책을 만들며 즐거웠던 만큼 여러분도 유용하게 사용했으면 하는 바람이다.

건강한 음식이 얼마나 맛있을 수 있는지 이 책을 통해 알아갔으면 좋겠다.

헬렌 도론 Helen Doron

영양 자문

'건강한 식생활 가이드 부분'은 임상영양학자이자 'Foods for Life' 오너인 이본 비숍 웨스턴이 작성했다.

이본은 유통, 케이터링, 헬스 산업의 임상관리 등에서 주요 경력을 쌓아왔다. 현재 영국 런던 및 뉴 포레스트의 클리닉에서 영양사로 활동하고 있다.

이본은 다양한 신문과 잡지에 글을 기고하면서 라디오, TV에도 꾸준히 출연하고 있다. 또한 그녀는 두 권의 건강한 식사법에 대한 요리책을 공동집필한 적이 있다. 이본은 임신 초기부터 태아 건강 개선에 공을 쏟아야 한다고 믿는 임신, 출산 및 유아 건강 전문가다.

- 이 책의 내용은 의학 자문을 대체하지는 않습니다. 따라서 식재료 알레르기 등이 있다면 전문 의료인과 상담하시길 바랍니다.

우리의 비전

건강한 식생활은 목표 달성에 필요한 강인한 체력과 에너지를 가지게 함으로써 가족과 아이들이 잠재력을 최대로 이끌어낼 수 있도록 도움을 준다.

건강한 식습관

아이들을 키우면서 건강한 식사를 준비하는 것은 살면서 가장 어려우면서도 보람 있는 일 가운데 하나일 것이다. 부모로서 우리는 아이들에게 보다 나은 미래를 열어주기 위해 어떻게 하면 더 개선된 식생활을 제공할 수 있을지 고민하며, 때론 자신의 어린 시절을 되돌아보기도 한다. 기억해야 할 중요한 사실은 아이들의 식습관이 부모의 식습관을 따라간다는 점이다. 가장 가까이에서 봐온 어른의 모습이 부모이기에 부모의 식습관이 아이들에겐 중요한 본보기가 된다.

따라서 건강한 식생활을 위해 우리의 삶에 변화가 필요할 수도 있다. 이러한 변화는 처음에는 다소 부담스럽고 힘들 것이다. 그럼에도 풍부한 영양소는 우리 아이들의 발육에 아주 중요한 기반이 된다는 사실을 잊어서는 안 된다.

이 밖에도 우리는 우리와 함께 살아가는 동물들에 대해 생각해볼 필요가 있다. 동물들 또한 서로 교감하고 지각하는 생명체로서 삶을 영유하기를 원한다. 또한 자라나는 아이들이 동물에 대한 연민과 동정심을 느끼는 것은 매우 중요하고 필수적인 자질 가운데 하나다. 이는 그들이 처한 고통을 인식하고 그것을 막기 위해 노력하는 것으로, 그 첫 걸음은 우리의 식습관을 동물성에서 식물성으로 바꾸는 일이다.

이러한 작은 변화로 우리는 우리와 함께 살아가는 다른 생명체의 고통을 없앨 수 있고, 세계의 기아 문제를 근절시킬 수 있으며, 지구의 생태계 파괴를 막을 수 있다. 무엇보다 우리 아이들에게 활기차고 건강하며 맛있는 식단을 제공함으로써 아이들의 평생 식습관을 올바르게 확립할 수 있다.

아이의 잠재력 고취

아이들이 섭취하는 음식은 아이들의 신체발달을 위한 필수 영양소와 에너지를 제공하며 기분, 집중력, 학습 능력 등 여러 심리적 기제에도 영향을 미친다. 한 연구에 따르면 아이들의 식생활과 학습 능력 간 높은 상관관계가 있는 것으로 밝혀졌다. 좋은 교육 환경 속에서 올바른 식습관을 가진 아이들일수록 학업 수행 능력이 더 높은 것으로 나타난 것이다. 따라서 아이들의 식생활에 더 많은 관심을 가진다면 학습 능력 향상에도 도움이 될 것이다.

헬렌 도론은 30년 넘게 유아교육에 종사하며 아이들의 신체, 정신, 사회 능력을 최대한 발달시킬 수 있는 방법을 연구해왔다. 이에 그녀는 종합적이고 다각적인 관점에서 봤을 때 아이들이 섭취하는 영양소가 이를 결정하는 가장 중요한 요소라는 결론을 내렸다.

군침이 돌 만큼 맛있는 레시피가 담긴 이 요리책을 발간함으로써 부모와 자녀가 보다 건강한 식생활을 영위하고 더 높은 수준의 성취에 한 걸음 더 다가갈 수 있길 바란다.

아이들의 충분한 영양 섭취, 왜 중요할까

부모는 아이들이 잠재력을 최대한 발휘하며 성장할 수 있도록 신체적·정서적으로 좋은 영양 상태가 될 수 있게 잘 지켜줘야 한다.

아이들의 식단은 미국 다이어트 표준(Standard American Diet·SAD)을 따르는 경향이 있다. 하지만 이 식사 표준은 높은 동물성 지방, 가공육, 정제 곡물을 포함할 뿐 아니라 필요 이상의 당분을 함유하고 있으며 식이섬유, 비타민, 미네랄, 필수 지방산, 식물성 단백질, 항산화성분은 부족한 상태다. 결과적으로 예전에는 노화에 따라 발병하던 여러 성인병이 어린아이들에게도 나타나기 시작했다. 미국 다이어트 표준은 비만, 심장병, 당뇨병, 암 같은 질병을 급속히 확산시키고 있다. 전 세계적으로 1800만 명에 달하는 5세 이하 아이들이 성인병의 주된 위험 요소인 과체중인 것으로 알려졌으며, 현재 노화에 따른 제2형 당뇨병이 아이들에게 나타나고 있고, 청년층에서도 식생활에 따른 심장질환 증상을 보이고 있다.

출생 이후 5세까지의 생애 주기 초반에 우리 몸은 매우 빠른 성장을 한다. 아이들의 신체는 계속 변모하는데, 기어다니다가 걷고 뛰게 되는 것을 넘어 운동까지 하며 끊임없이 활동적인 상태를 이어간다. 아동기는 건강하고 튼튼한 근력과 뼈대가 형성되는 시기다. 아이들의 성장기에 칼슘은 뼈를 강화해주고 단백질은 뛰어놀 수 있게 근력을 발달시켜준다. 비타민과 미네랄은 다른 신체 기능만큼이나 아이들의 건강에 필수적인 요소다. 따라서 아이들에게 충분한 영양 섭취는 매우 중요하다.

또한 아동기가 아이들의 평생 식습관이 만들어지는 시기라는 점에서 이때 균형 잡힌 식사와 좋은 영양분을 섭취하도록 해야 한다. 건강한 식생활을 하며 성장한 아이는 지속적으로 이를 영위하며, 어른이 됐을 때 생길 수 있는 건강상 문제도 사전에 예방할 수 있다.

우리는 아이들이 잠재력을 최대화하고 보다 안전하고 건강한 삶을 영위할 수 있도록 건강한 의사결정을 내려야 한다. 『헬렌 도론의 우리 가족을 위한 건강하고 맛있는 레시피』는 이를 위해 발간됐다.

이 요리책은 지속가능한 세상을 만들고, 동시에 아이들이 충분한 영양분을 섭취해 몸도 마음도 건강하게 유지하는 데 도움을 주고자 한다.

튼튼하고 건강한 체력

아이들이 신체발달에 필요한 영양소를 충분히 섭취하면 질병에 걸릴 확률이 낮아진다. 이 책에는 아이들이 튼튼하고 건강하게 자라는 데 필요한 영양소가 담겨 있다. 이 요리책의 영양소 가이드라인은 아이들의 근력 발달을 돕는 단백질, 건강한 세포막 형성과 영양소 흡수를 돕는 필수 지방산 등을 포함하고 있다. 통밀 탄수화물은 몸속 에너지를 생성해주며 활발히 뛰어놀기 위한 비타민과 미네랄을 제공한다. 이 가이드라인은 면역 증진 역할을 하는 식물성 생리활성 영양소가 풍부한 여러 과일과 채소에 대한 정보도 포함하고 있다.

일정한 에너지 공급 및 집중력 향상, 안정된 정서 형성

하루를 보내며 안정적으로 일정한 에너지를 유지하기 위해서는 건강한 음식 섭취가 필요하다. 많은 양의 당이나 정제된 식품을 섭취하면 혈액 속에 당분이 너무 빠르게 퍼져 아이들이 과잉활동 성향을 갖게 되며 결과적으로 집중력을 떨어뜨린다. 이어서 체내 혈당량이 급격히 하락해 갑작스러운 피로감과 짜증을 느끼게 된다. 일정한 에너지를 유지하기 위해서는 단백질과 통밀 탄수화물이 포함된 규칙적인 식사와 간식을 섭취하도록 해야 한다. 통밀 식품에 포함된 단백질과 식이섬유는 섭취한 음식이 에너지를 퍼뜨리는 속도를 늦춰주는 역할을 한다. 따라서 혈당량을 일정하게 조절해주고 에너지와 집중력이 지속되도록 해줄 뿐 아니라 뇌와 신경기관 건강에 필요한 필수 지방산도 유지할 수 있게 돕는다.

환경보존을 위한 식생활 개선

지구를 보호하는 것은
아이들과 앞으로 태어날
다음 세대를 위해 우리에게 주어진
책임이다.

채식이 환경에 미치는 긍정적 영향

아이들과 다음 세대를 위해 우리는 지구를 보호해야 한다. 특히 육류와 유제품을 생산하는 일은 더 많은 곡물과 땅을 필요로 하는데, 이러한 곡물과 땅을 대규모로 유지하고 보호하는 것은 쉬운 일이 아니다. 육류와 유제품의 높은 소비량은 지구의 한정된 자원을 낭비하게 만들고 있다.

중남미의 경우 북미, 중국, 러시아 등지에 저가 육류를 납품하기 위한 축산업이 발달하면서 해당 지역의 열대우림이 파괴되고 있다. 쇠고기 1파운드(약 453g)당 약 $200ft^2$(약 $18m^2$)의 열대우림이 파괴되는 것으로 추정되며, 지난 20년간 코스타리카의 열대우림은 육우 목장 운영을 위해 훼손되고 있는 상황이다. 열대우림이 사라지는 원인의 약 50%는 화전농업으로 알려진 이런 파괴 행위에 따른 것이다.

활용 가능한 땅과 깨끗한 물이 점점 부족해지고 있으며 결과적으로 현재와 같은 소비 수준은 유지될 수 없을 것이다. 또한 무분별한 자연 파괴로 발생하는 환경오염은 얼마 남지 않은 경작 가능한 농지와 바다를 훼손시키고 있다. 만약 우리가 채식 위주의 식단으로 식생활을 개선하면 천연자원의 수요를 줄이고 지구온난화 효과를 약 3분의 2 수준으로 낮출 수 있을 것이다.

아울러 채식 위주의 식단은 우리 아이들을 위한 안전한 선택이기도 한다. 어류의 오염도는 빠르게 증가하고 있으며 특히 아이들에게 위험한 요소다. 또한 육류와 유제품의 집약적 생산을 위해 동물들에게 각종 항생제와 약물을 투여하게 되고, 결과적으로 아이들의 식탁에 오르기 때문이다.

우리 아이들에게 필요한 음식은 무엇일까

아이들은 연령과 키에 따라 다양한 음식을 섭취해야 한다.

아이들은 두 살쯤부터 가족과 함께 식사하게 되며 식단 또한 거의 비슷해진다. 아이들의 식욕은 연령이 높아지고 신체가 성장하면서 함께 증가하지만, 어떤 아이들은 새로운 맛과 낯선 질감에 예민한 반응을 보이기도 하고 또래 친구들에 비해 새로운 음식을 먹는 것을 어려워할 수도 있다. 만약 여러분 자녀의 식습관이 걱정된다면 전문 의료인과 상담해보길 권한다.

건강한 주방의 필수 식재료

다음의 필수 식재료 없이는 어떠한 주방도 완벽한 부엌이 될 수 없다.

* 만약 레시피에 나온 특정 식재료가 없다면 집에 있는 식재료 중 대체할 만한 것을 찾아 사용하면 된다. 예를 들어 오일, 감미료, 제철 과일이나 채소 등은 모두 다른 식재료로 대체 가능하다.

신선한 과일과 채소

가능한 한 다양한 종류를 사용하는 것이 좋다. 각각의 과일과 채소는 색상별로 다른 영양소를 포함하고 있다. 그러니 일곱 빛깔 식사를 하는 것을 하루 목표로 잡아볼 것!

두유, 견과로 만든 우유

우유를 대체하기 위해 사용된다. 소스나 수프 요리에 잘 어울린다.

코코넛밀크와 코코넛 크림

카레를 만들 때 사용하면 아주 맛있으며 소르베, 아이스크림, 베이킹에도 잘 어울린다.

메이플시럽

항산화성분을 함유하고 있으며 베이킹을 할 때나 소스를 만들 때 정제당 대체재로 활용하기 좋다.

유기농 두부

수프, 볶음, 베이킹, 튀김 요리를 할 때는 단단한 부침용 두부를, 드레싱이나 디저트를 만들 때는 부드러운 찌개용 두부를 넣는다. 볶음 요리나 수프용으로는 건조된 두부를 대체 사용할 수 있다.

간장과 다마리

기본 소스 재료로 좋다.

아가베, 대추야자시럽

베이킹, 드레싱, 각종 소스류에 들어간다.

된장

발효된 콩과 보리 또는 쌀맥아(Rice Malt)로 만든 장이다. 묽게 또는 진하게 등 다양한 방법으로 사용 가능하다. 수프, 드레싱, 볶음 요리, 두부에 풍미를 더할 때 사용해볼 것.

고품질 오일

저온에서 짠 올리브 오일, 포도씨유, 코코넛 오일을 권한다.

영양효모

비활성 효모는 풍부한 견과류향을 제공한다. 맛있는 치즈향 소스를 만들 때 사용하면 좋다. 팝콘이나 마늘빵에 곁들이면 맛있다.

곡물류

가지각색의 식감과 맛, 균형 잡힌 영양 섭취를 위해 사용해볼 것. 현미, 적색미, 생쌀, 퀴노아, 스펠트밀, 불거, 보리, 메밀도 권한다.

옥수수가루, 애로루트(Arrowroot) 또는 아마씨가루

수프, 스튜, 소스 농도를 걸쭉하게 하는 용도 또는 베이킹에서 달걀 대체재로 사용하면 좋다.

기본 식료품

병아리콩, 렌틸콩, 기타 콩류, 쌀, 냉동 채소, 마늘, 양파는 건강한 식단 계획의 기본 식재료다.

신선한 허브류

레시피에 다양한 풍미를 추가해볼 것. 다음에도 사용하기 위해 신선하게 보관하거나 잘게 썰어 냉동 보관한다. 이탤리언 파슬리, 바질, 고수, 딜, 민트, 로즈메리, 타임(백리향)은 손이 자주 닿는 곳에 보관한다.

토마토소스 캔 또는 토마토 페이스트

간단한 수프, 소스 또는 식사를 만들 때 아주 편리한 기본 재료다.

견과 및 씨앗류

단백질, 비타민, 미네랄, 섬유질 섭취의 탁월한 원천이다. 샐러드, 메인 요리, 디저트 등에 건강하고 맛있는 고명(가니시)으로 추가하면 좋다.

말린 과일류

건포도, 말린 크랜베리·살구·대추야자는 샐러드, 곡물, 채소, 구운 요리 등에 예상치 못한 풍미를 추가하는 훌륭한 방법이다.

타히니

칼슘이 풍부한 참깨로 만든 페이스트로 샐러드, 채소, 샌드위치에 어울리는 맛있는 드레싱을 만들 수 있다.

푸드프로세서 또는 핸드블렌더

수프, 드레싱, 스무디를 혼합할 때나 휘핑크림, 마요네즈, 페스토를 만들 때도 사용할 수 있다.

부엌칼

날렵한 곡선의 강한 칼날은 채썰기, 깍둑썰기, 잘게 썰기 등에 적합하다.

필수 영양소

어린아이들은 신체 성장에 필요한 비타민과 미네랄 섭취를 위해 칼슘이 풍부한 음식과 다양한 종류의 과일, 채소, 탄수화물, 단백질, 지방을 꼭 먹어야 한다. 또한 충분한 물과 음료도 함께 섭취해야 한다.

어린아이들은 신체는 작지만 칼로리와 영양 면에서는 어른보다 더 많은 양을 섭취해야 한다. 그렇다고 충분한 영양소를 섭취한다는 명목으로 칼로리 양을 높이는 실수를 하지는 말길 바란다. 신체 성장에 필요한 비타민과 미네랄을 얻기 위해 어린아이들은 다양한 종류의 과일, 채소, 탄수화물, 단백질, 지방뿐 아니라 칼슘이 풍부하게 든 음식과 음료, 물을 섭취해야 한다.

21쪽의 표는 어린아이들의 성장에 필수적인 주요 비타민, 미네랄과 해당 영양소를 얻기 좋은 채소 위주로 식재료를 정리한 것이다. 영국 보건부는 생후 6개월~5세 아동에게 식단 외에도 비타민 A·C·D를 포함하고 있는 액체형의 영양보조제 복용을 권장하고 있다.

영양소	역할	채소 위주 재료
철분	신체 성장과 발달, 혈구 생성, 뇌발달	철분 함량이 높은 곡물, 녹색 채소, 시금치, 두부, 브로콜리, 렌틸콩(철분 흡수는 같은 식단 내 비타민 C 함량이 높은 음식 섭취를 통해 도움을 받는다)
비타민 A	신체 성장과 발달, 피부와 눈 건강, 면역력	카로틴(우리 몸속에서 비타민 A로 변함): 진녹색 채소, 당근, 고구마, 브로콜리 (영양보조제 복용 권장)
비타민 B (엽산과 비타민 B_{12} 포함)	신경 시스템 건강, 피부 건강, 면역력	녹색 채소, 현미, 병아리콩, 강화 곡물은 엽산이 풍부. 다른 비타민 B 종류는 통밀, 현미, 바나나, 콩류에 많이 들어 있으며, 채소 위주 식단을 섭취하는 아동은 영양보조제로 비타민 B_{12} 섭취를 권장.
비타민 C	신체 성장과 발달, 철분 흡수	과일과 채소: 피망, 브로콜리, 싹양배추, 베리류, 오렌지, 키위(영양보조제 복용 권장)
비타민 D	뼈 건강을 위한 칼슘 흡수	비타민 D는 햇빛을 쬐었을 때 피부를 통해 흡수. 지역에 따라 아이들의 빠른 뼈 성장에 필요한 충분한 비타민 D를 생성할 만큼 햇빛 노출이 어려울 수 있음. 대부분의 SPF 15 이상 자외선 차단제는 비타민 D 흡수를 저해하므로 식재료는 강화 곡물과 우유, 마가린을 포함해야 함. 비타민 D는 식품에 포함되지 않은 경우가 많아 영양보조제 복용 권장.
비타민 E	세포 발달에 도움이 되는 항산화성분	식물성 기름, 곡물류, 씨앗 및 견과류
비타민 K	정상적인 혈액 응고	녹색 잎채소, 브로콜리
칼슘	뼈 성장 및 강화	비유제품 우유, 녹색 잎채소, 대두, 두부, 견과류
요오드	갑상선 기능	해조류(스튜와 같은 메뉴의 부재료로 식단에 포함돼야 함)
아연	신체 성장과 발달, 면역력	콩류, 통밀 등 곡류, 호박씨

새로운 식단 소개 방법

아이들이 건강한 식습관을 가질 수 있도록 도와주어야 한다. 우리가 아이에게 새로운 메뉴를 소개하는 방식은 아이들의 삶에 대한 태도 형성에도 영향을 줄 수 있다.

음식을 대하는 태도를 형성하는 데는 맛뿐 아니라 다양한 요소가 작용한다.

우리가 자녀들에게 어떻게 음식을 소개하느냐에 따라 아이들이 그 음식을 받아들이는 데 영향을 주게 된다. 그러므로 아이가 음식에 긍정적으로 다가갈 수 있도록 도와주어야 한다. 아이들에게 여러분이 건강한 식단을 즐기는지 보여주고, 다양한 음식을 시도할 수 있도록 격려해주길 바란다.

아이들로 하여금 새로운 음식에 익숙해지고 받아들이게 하려면 한 달 동안 10~15회 정도 시도해봐야 한다. 새로운 음식을 먹기 어려워하는 아이에게는 평소 좋아하고 익숙한 메뉴에 새로운 메뉴를 곁들여 제공하는 방법을 권장한다.

건강한 식습관 형성을 위한 Tip

1 아이들에게 긍정적인 경험을 심어줄 수 있도록 식탁에 아이들과 함께 앉아 같은 메뉴로 식사한다.

2 저혈당과 기분 저하를 막기 위해 세 끼 식사와 간식 시간을 정해놓는다. 아이들의 연령에 맞춰 식사와 간식 사이는 2~3시간으로 정한다. 너무 배고프지 않고 적당히 허기질 정도의 간격이다.

3 편안한 식사 시간이 될 수 있도록 해준다. 재미있는 방식으로 음식을 내놓되 장난감이나 텔레비전 등의 방해물은 치운다. 이러한 방해물은 아이들이 음식에 집중하지 못하게 하고, 결과적으로 체중 문제를 야기할 수 있다.

4 어린아이들의 경우 식사 시간을 20~30분 정도로 충분히 제공한다. 그 이후에는 음식을 치우고 식탁에서 일어나도록 허락해준다. 만약 아이가 배고파 하지 않는다면 억지로 식사를 권하지 않는다. 반대로 아이가 너무 배불러 할 때도 더 먹도록 억지로 권하지 말아야 한다. 더불어 아이들이 빨리 식사를 마치도록 유도하면 안 된다. 식사 속도가 빨라지면 오히려 과식의 원인이 될 수 있기 때문이다.

5 어린아이들의 경우 적당한 때가 됐다고 생각되면 식기를 사용하도록 이끌어주는 것이 좋다. 하지만 음식 종류에 따라 아이가 여전히 손을 사용할 수도 있음을 인지하길

바란다. 한입 크기의 음식을 제공하되 아이들의 식기 사용 기술이 발달할 수 있을 정도로 잘라서 준다. 이는 식사에 더 몰입할 수 있도록 도와준다.

6 유해 환경호르몬이 나오지 않는 BPA-프리 식기류, 조리도구, 저장용기를 사용할 것. 특정 플라스틱에서 나오는 환경호르몬은 어린아이들 건강에 안 좋은 독성 화학물질이다.

7 아이들이 식사에 더 집중할 수 있도록 도와주어야 한다. 영양소별로 기본 지식을 알려주고 왜 우리 몸에 해당 영양소가 필요한지 설명해주는 것이 좋다. 아이들의 연령에 따라 직접 음식 준비에 참여시키거나 계획하면 채소를 씻는 것에서 기본적인 식재료를 준비하는 과정까지 나날이 발전한다. 식탁에 무지개 빛깔로 채소를 올리거나 채소를 이용한 재미있는 표정 만들기 등 즐거운 게임처럼 음식 준비 시간을 활용해보길 권한다. 자신의 식탁 위를 직접 장식해보는 경험은 아이가 식사 시간과 식탁을 좀 더 편하게 느끼도록 해준다.

8 지속적으로 건강한 식단을 제공한다. 아이들의 식기에 조금씩 음식을 주면서 한입씩 맛을 보도록 권한다. 아이들이 새로운 음식에 익숙해지고 받아들이도록 하는 데 한 달 동안 10~15회 정도 시도해봐야 한다는 점을 잊지 말아야 한다.

음식 알레르기와 음식 과민증

아이들에게 소개하려는 음식이 새로운 것이라면 나쁜 영향은 없는지 자세히 살펴보는 것이 중요하다. 심각한 음식 알레르기는 이미 알고 있겠지만 새로운 음식을 먹을수록 여전히 다른 종류의 알레르기가 발생할 위험이 남아 있을 수도 있기 때문이다. 알레르기 징후가 없는지 살피고 만약 있다면 전문 의료인과 상담한다.

음식 알레르기

특정 음식 알레르기는 생명에 위협적일 수 있다. 만약 아이의 입술이 갑자기 퉁퉁 붓거나 피부발진 또는 호흡곤란이 생길 경우 즉각 의료 처치를 받아야 한다.

잠재적 음식 알레르기 증상

- 입 또는 목이 부어오름
- 목이나 혀가 가려움(기침 동반 가능성 있음)
- 호흡곤란
- 피부발진
- 설사 또는 구토

대표적 알레르기 유발 식재료

- 우유
- 달걀
- 통밀
- 두유
- 견과류
- 씨앗류
- 생선과 조개류

음식 과민증

특정 음식은 뒤늦게 증상이 나타나며 음식 과민증이나 예민증을 발생시킬 수 있다. 음식 과민증은 생명에 위협적이지는 않지만 반응 정도가 점점 악화될 수 있다.

잠재적 음식 과민증 증상

- 콧물 또는 코 막힘
- 습진
- 메스꺼움, 구토, 위경련, 설사
- 입 또는 목이 가려움
- 섭취 후 몸이 안 좋음(편식할 가능성 높음)
- 성장장애(발달 기준에 미치지 못함)

피해야 할 음식

자연 그대로의 음식은 다른 식재료를 추가하지 않아도 아이들이 필요로 하는 모든 맛을 포함하고 있다.

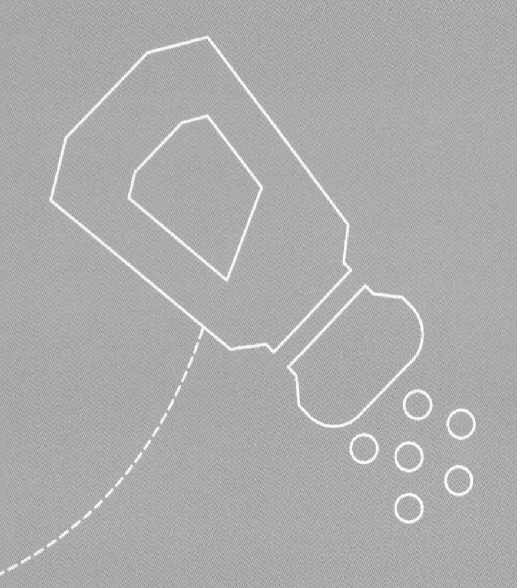

다음은 5세 이하 아이가 피해야 할 음식이다.

간이 된 음식 어린아이들은 음식으로부터 충분한 염분을 섭취하기에 굳이 소금을 추가하지 않아도 된다. 하지만 가족 구성원과 같은 종류의 음식을 먹게 됨에 따라 아이들의 염분 섭취량은 점점 증가한다. 우리가 섭취하는 염분의 75%는 이미 구매한 식재료 자체에 포함되어 있다. 아이의 음식을 준비할 때 식재료에 너무 많은 염분이 포함되지 않도록 주의해야 한다. 항상 음식이 제대로 준비됐는지 사용법을 읽어 확인한다. 더운 지역에서는 염분을 좀 더 추가하도록 권장하기도 한다.

설탕 첨가물 과일은 충분한 당분을 제공한다. 설탕이 첨가된 음식은 식욕 감퇴를 가져올 수 있으며 치아를 썩게 한다. 가끔씩 단 음식을 섭취하는 것은 괜찮지만 정기적으로 먹는 것은 자제해야 한다. 특별한 날 한 번씩 먹는 정도만 허락한다.

견과류, 팝콘, 건포도, 사탕류, 껌, 그 외 딱딱한 음식들 이러한 음식물은 기도를 막아 질식시킬 위험이 있어 아주 어린아이들에게는 권장하지 않는다. 견과류나 큰 씨앗류는 갈아서, 방울토마토는 반으로 잘라서, 녹색 콩 또한 잘라서 제공한다. 어린아이들에게는 과일의 딱딱한 씨는 제거하고, 병아리콩 같은 작은 콩류는 살짝 으깨어 준다. 아이가 성장하고 치아가 더 자라면 위 음식들은 기존 형태대로 섭취 가능하다.

인공첨가물 인공색소, 인공방부제, 화학조미료 등

바싹 튀긴 음식

소금 나트륨은 식탁용 소금의 일부이며 보통 식품성분표에 표시된다.

나이	일일 최대 나트륨 섭취량	일일 최대 소금 섭취량
0~12개월	0.4g	1g 이하
1~3세	0.8g	2g
4~6세	1.2g	3g
7~10세	2g	5g
11세 이상	2.4g	6g

Tip 아이들에게 건강한 식생활을 가르치는 것은 아주 어릴 때부터 시작해도 절대 이르지 않다. !

필수 영양소와 식품

주요 영양소와 식품에 대해 이해하는 것은 아이가 필수 영양소를 섭취하고 있다는 자신감을 갖게 해준다.

아이들의 식단에 필수 영양소가 모두 포함되어 있는지 확인하고, 건강한 식사란 무엇이며 어떤 맛인지 아이들에게 가르치기 위해 필수 영양소를 기반으로 한 식단을 준비한다.

아이들은 어릴 때부터 음식을 가리기 때문에 식단 교육은 아무리 일찍 시작해도 이르지 않다. 이런 어린 시절의 교육이 아이들 인생 전반에 걸쳐 음식에 대한 태도를 결정하는 데 중요한 밑거름이 될 것이다.

영양소와 식품군을 보기 쉽게 분류해 그에 맞춰 상차림을 한다. 또한 아이에게 필요한 하루 섭취량이 얼마인지 알아두면 가정과 보육시설에서 필요한 필수 영양소를 보다 수월하게 제공할 수 있다.

핵심 영양소

단백질

단백질은 아이의 발육, 면역력 강화, 정서 안정뿐 아니라 에너지 공급과 집중력 증진에 필수적인 요소이다.

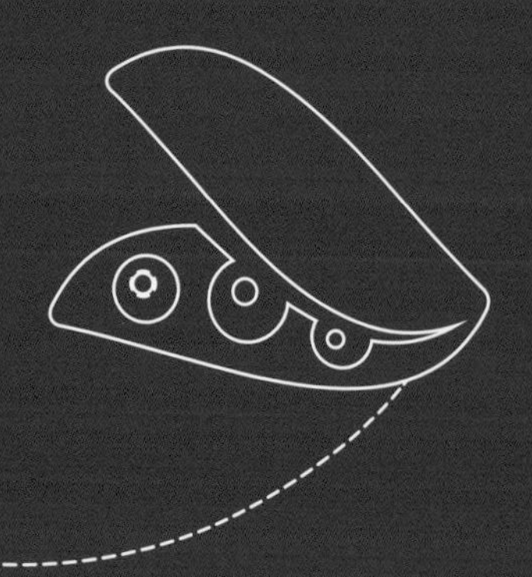

단백질은 아미노산으로 구성되어 있다. 고단백질 음식을 섭취하면 우리 몸은 단백질을 잘게 부숴 아미노산을 만들어 다양한 체내 활동에 사용한다.

아미노산은 필수 아미노산과 비필수 아미노산 두 가지로 구성되어 있다. 필수 아미노산은 우리 몸에서 생성되지 않으며 식사를 통해서만 흡수된다. 비필수 아미노산은 필수 아미노산으로부터 만들어질 수 있다. 아이들이 식사를 통해 섭취해야 하는 필수 아미노산은 9~12가지다. 어떤 식물성 단백질은 '완전 단백질'이며 필수 아미노산을 모두 갖고 있다. 그중 가장 좋은 원재료는 콩류이다. 퀴노아, 햄프시드, 아마란스, 메밀 또한 완전 단백질이지만 아미노산 공급에 가장 좋은 재료는 아니다. 콩류와 같은 일부 고단백 음식은 몇몇 아미노산만 공급하지만 곡물과 함께 제공되면 모든 필수 아미노산을 공급해준다(예: 빵 또는 쌀과 같이 제공되는 콩류). 식물성 단백질은 대개 (포화지방에 비해) 좋은 불포화지방과 섬유질을 함유하고 있으며 이런 영양소는 소화기관에 필수적이다.

단백질 섭취가 필요한 이유

- 단백질은 아이들 성장에 필수적이다. 특히 근육과 장기, 피부, 머리카락 성장에 필요하다.
- 단백질은 호르몬, 신경전달물질, 면역 체계 같은 필수적 기능을 조절하는 데 도움을 준다.
- 단백질은 체내 소화 속도를 낮추고 혈당 배출을 천천히 하도록 만든다. 이런 단백질의 역할은 우리가 음식으로부터 얻은 에너지가 들쑥날쑥하게 오르내리지 않고 일정한 비율로 배출되도록 해준다. 일정치 못한 에너지 배출은 아이들로 하여금 집중하지 못하게 하고 변덕을 부리거나 짜증내게 만든다. 음식 에너지의 일정한 공급은 아이들이 필요 이상으로 음식을 섭취해 체지방이 증가하거나 비만에 이르는 것을 예방해주며 오히려 칼로리를 더 소비하게 한다.

식사에 단백질이 포함되면 포만감을 느끼게 해주기 때문에 과식의 가능성 역시 줄어든다. 그러나 너무 많은 단백질은 여분의 체지방을 축적하고 신장에 무리를 주어 탈수를 불러오고, 뼛속의 중요 미네랄 성분이 빠져나가게 만든다. 따라서 단백질 섭취량에 유의하고 여러 종류의 단백질을 제공해주길 바란다.

즐거운 단백질 섭취

포화지방이 함유되지 않은 단백질

- 콩류
- 소금 함유량이 최소화된 콩 제품들
- 씨앗류와 견과류

필수 섭취량

- 적어도 하루에 1회 이상 콩류 또는 콩 제품을 섭취한다.
- 매일 1회 땅콩 또는 씨앗류를 섭취한다(5세 이하의 아동에게 땅콩은 피한다).
- 점심과 저녁 때 각 1회씩, 아침과 간식 때 각 1/2회씩

단백질	
필요성	
신체 성장과 발달, 신경계, 면역체계를 위해 필요. 콩류는 단백질, 철분, 아연 제공. 햄프시드와 아마씨는 단백질과 오메가3 지방산 제공	
채소 재료	대략적인 1회 제공량
콩류, 말린 완두콩과 렌틸콩 대두	3큰술 2큰술
땅콩, 씨앗류, 식물성 버터	1~2큰술
채소 위주의 재료로 만든 버거, 소시지, 미트볼 같은 대체 육류	1~2큰술
하루 제공량	
콩류 또는 콩 제품은 적어도 하루 2회, 견과류 또는 씨앗류는 하루 1회, 가공 대체 육류의 소금 함유량 확인(영국이 권장하는 일일 섭취량은 1~3세: 14.5g, 4~6세: 19.7g)	

Tip 매일 콩, 견과류, 씨앗류를 제공한다. !

Tip 단백질은 아미노산이 뭉쳐지면서 만들어진다. 일부 필수 단백질은 체내에서 만들어지지 않기 때문에 꼭 식사를 통해 섭취해야 한다.

지방

지방은 다른 영양소보다 칼로리 함유량이 높으며 어린아이들의 에너지와 성장을 위해 꼭 필요한 요소이다.

아이들의 신체는 어른보다 상대적으로 작지만 더 많은 칼로리를 필요로 한다. 성장을 위한 이유도 있지만 보통 어른보다 훨씬 활동량이 많기 때문이다. 아이들은 많은 열량을 필요로 하지만 작은 위를 갖고 있다. 따라서 어린아이의 식단에는 어른보다 좀 더 많은 양의 지방이 필요하다.

2세 이하의 어린아이에게는 필수 칼로리 섭취를 만족시키기 위해 고지방 제품이 권장되는데, 이는 단백질이나 탄수화물에 비해 지방은 g당 2배 가까이 되는 칼로리를 제공하기 때문이다.

아이들의 연령이 높아질수록 지방으로부터 공급받는 에너지양은 현저히 줄어들며 다른 가족 구성원과 비슷한 수준의 지방 섭취가 가능해진다. 아이가 섭취하는 지방의 양만 중요한 것이 아니라 어떤 종류를 섭취하는가도 똑같이 중요하다. 대다수 아이가 육류, 유제품이나 가공식품을 통해 너무 많은 양의 동물성 지방을 섭취하는 경향이 있다. 이러한 포화지방과 가공유지는 우리 신체의 필수 지방 활용을 방해하며 장기적으로 건강 문제의 원인이 된다. 식단을 제공할 때 불포화지방과 고도 불포화지방에 좀 더 신경을 써주길 바란다. 이런 종류의 지방이 아이들의 건강을 덜 해치기 때문이다.

지방 섭취가 필요한 이유

- 지방은 활발한 활동과 신체 성장에 필요한 풍부한 에너지원이 된다.
- 지방은 풍미를 살려주어 음식을 더 맛있게 해준다.
- 지방은 지용성 비타민을 전달하는 역할을 한다.
- 우리 몸은 필수 지방을 생성하지 못한다. 따라서 필수 지방은 꼭 음식을 통해 섭취해야 한다. 지방은 우리의 뇌, 눈, 신경기관뿐 아니라 집중력, IQ 발달에 필요하며 피부 건강에도 필요한 영양소다.
- 주요 필수 지방은 오메가3와 오메가6다. 이들은 세포막의 일부를 형성하고 모든 체내 활동에 영향을 미쳐 세포의 영양소 흡수와 배출을 가능케 한다. 특히 오메가3 지방은 태내

에서 수정될 때부터 5세에 이르기까지 매우 중요한 요소다.

즐거운 지방 섭취

- 고도 불포화지방과 필수 지방은 햄프시드나 아마씨 같은 견과류나 씨앗류에 많다.
- 단일 불포화지방은 올리브 오일에 풍부하다.
- 고도 불포화지방은 까다로운 영양소이기 때문에 가열하거나 햇빛에 노출되면 오히려 몸에 해로울 수 있다. 해바라기씨유, 참기름, 아마씨유, 햄프씨유는 어두운 유리병에 담긴 것으로 구매한다. 조리 시에는 올리브 오일나 코코넛 오일을 이용하도록 한다.

필수 지방 섭취량

- 지방은 보통 견과류나 씨앗류처럼 있는 그대로 섭취가 가능하다. 매일 조금씩 견과류나 씨앗류를 식단에 포함해 아이가 자연스럽게 좋은 지방을 섭취할 수 있도록 한다. 충분한 칼로리 섭취를 확보하기 위해 지방류를 조금 더 첨가할 수도 있다.
- 햄프씨유를 매일 1작은술씩 제공하는 것도 필수 지방 수준을 유지하는 데 도움이 된다.

피해야 할 사항

가공식품에 함유된 경화지방이나 트랜스 지방은 피해야 한다. 이러한 종류의 지방은 포화지방보다 더 우리 몸에 해롭다.

지방	
필요성	
필수 지방은 좋은 에너지원이며 뇌와 신경기관 발달 및 세포막 구성에 필요.	
채소 재료	대략적인 1회 제공량
포화지방: 코코넛 오일 같은 열대성 지방	신체 크기 대비 많은 양의 칼로리 섭취가 필요한 어린아이들은 식단에 지방이 더 추가돼야 할 수도 있음. 견과류나 씨앗으로 만든 버터, 아보카도, 드레싱은 지방을 추가하는 쉬운 방법임.
단일 불포화지방: 올리브 오일	
고도 불포화지방: 오메가3 필수 지방: 호두, 햄프시드, 아마씨, 햄프씨유, 아마씨유	
오메가6 필수 지방: 해바라기씨, 포도씨, 참깨, 해바라기씨유, 포도씨유, 참기름	
하루 제공량	
미국 심장협회는 2~3세 아동의 하루 칼로리 섭취량 중 30~35%는 지방으로부터 섭취해야 한다고 권장. 3세 이후부터 그 비중은 24~35%(2~5세 아동의 경우 하루 48g)로 줄어듦. 필수 섭취 지방량 중 포화지방 비중은 10%(5g)가 넘으면 안 됨.	

경화지방이 포함된 가공식품은 피할 것.

차가운 음식에는 올리브 오일, 해바라기씨유, 참기름 같은 건강한 오일을 사용할 것.

매일 견과류와 씨앗류를 제공할 것 (5세 이하의 아이에게 땅콩은 피한다).

탄수화물

어린아이들의 식단에는 당분을 추가하지 않아도 된다. 과일과 같은 자연 그대로의 음식은 이미 아이들이 필요로 하는 모든 영양소를 함유하고 있다.

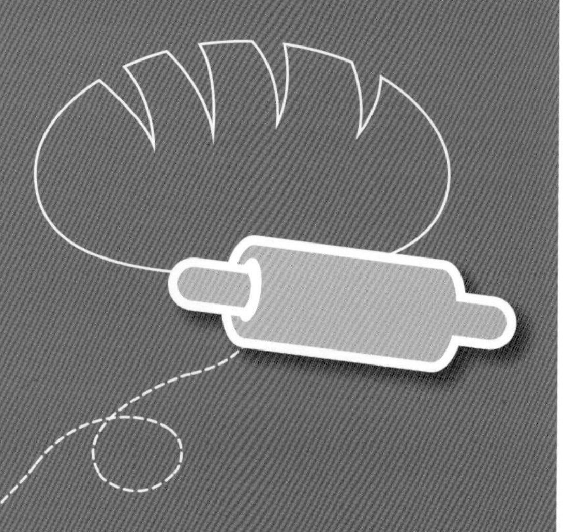

천연식품과 반가공식품

통밀은 가공된 밀보다 더 많은 영양분을 포함하고 있으므로 통밀을 활용하도록 한다. 쌀, 빵, 파스타 같은 가공된 탄수화물은 최소 15가지 영양소가 빠진 상태다. 통밀 식단 제공이 늦어질수록 아이가 통밀을 자연스럽게 먹는 것이 어려울 수 있다.

단맛이 충분한가

아이들이 아주 어릴 때 먹는 음식부터 이미 많은 설탕이 첨가되어 있다. 어린아이들의 식단에는 당분을 추가할 필요가 없다. 과일과 같은 자연 그대로의 음식은 아이들에게 필요한 모든 영양소를 함유하고 있다. 또한 설탕은 아이들의 칼로리 섭취를 높이는 데 불필요하다. 아이들은 신체발달에 도움이 되는 건강한 지방을 통해 이미 충분한 칼로리를 섭취하기 때문이다. 과도한 당분은 우리 몸에 지방으로 저장되어 비만의 원인이 되며 여러 건강 문제와 관련이 높다. 아이들의 식단에 너무 일찍부터 설탕을 첨가하면 아이들이 필수 영양소 섭취를 위해 다양한 음식을 맛보고 즐기는 것이 어려워진다.

탄수화물 섭취가 필요한 이유

- 탄수화물은 신체의 주요 에너지 공급원이다.
- 복합 탄수화물은 체내 찌꺼기나 독성 물질을 제거하는 데 필요한 식이섬유를 포함하고 있다.
- 탄수화물은 중요 비타민과 미네랄을 제공한다.

Tip 아이들이 너무 단맛에 중독되지 않게 할 것. !

즐거운 탄수화물 섭취

- 통밀 빵과 통밀 파스타, 현미, 으깬 귀리, 수수, 불거(Bulgur · 살짝 익혀 빻은 밀)를 이용한다.
- 식욕이 많지 않거나 저체중인 아이에게는 가공 밀가루를 이용해 탄수화물을 제공하고, 점차적으로 통밀과 가공 밀가루를 50 대 50으로 늘려 통밀 탄수화물 섭취가 익숙해지도록 돕는다.
- 캔에 든 토마토소스나 스파게티소스와 같은 염분이 높은 음식은 피한다.

필수 섭취량

- 탄수화물은 적어도 하루 4회 제공돼야 한다. 각 식사마다 1회씩, 그리고 하루 간식 중 1회 포함되도록 한다.

최소화할 음식

- 흰빵, 흰쌀, 흰파스타
- 설탕 첨가 음식

비타민			
미네랄		비타민	
칼슘	60%	B_1	80%
크롬	98%	B_2	60%
철분	76%	B_3	75%
마그네슘	85%	B_5	50%
망간	86%	B_6	50%
아연	78%		

피트산 줄이기	
음식 종류	방법
콩류	따뜻한 곳에서 하루 정도 불린 후 잘 씻어서 끓임. 끓이기 3~4일 전에 싹을 틔우면 더 좋음.
귀리	호밀가루나 간 호밀과 함께 담가 하루 정도 불린 후 조리.
쌀	24시간 정도 불린 후 신선한 물을 넣고 조리.
빵	피타아제 효소를 보존하기 위해 맷돌에 간 밀가루를 이용. 호밀이나 발효된 사워도우를 이용하면 더 좋음.
견과류	18시간 정도 불린 후 살짝 구움. 이러한 방식으로 직접 버터를 만들면 더 좋음.
씨앗류	불려서 사용하고 싹을 틔우면 더 좋음.

탄수화물	
필요성	
에너지 공급원이며 비타민 B와 철분 포함. 풍부한 비타민과 미네랄 제공.	
채소 재료	대략적인 1회 제공량
빵, 피타, 차파티, 로티, 난, 랩, 크래커, 귀리 케이크	중간 크기의 빵 1조각, 작은 피타 1롤, 큰 랩 1/2개, 귀리 케이크 2조각, 큰 크래커 1개
파스타와 면류	3~4큰술
쌀	2~3큰술
높은 탄수화물을 함유한 채소류: 감자, 고구마, 참마, 질경이, 카사바	작은 구운 감자 1개, 으깬 채소 2~3큰술
다른 곡류: 귀리, 수수, 밀, 불거, 메밀, 호밀, 퀴노아, 보리, 통폴렌타	2~3큰술
아침 시리얼	3~5큰술
하루 제공량	
· 하루 4회 · 각 식사마다 1회씩, 하루 간식 중 1회 · 하루에 최소 3가지 탄수화물 제공	

과일과 채소

각 과일과 채소는 색상별로 다른 영양소를 포함하고 있다. 아이들이 날마다 다양한 색의 과일과 채소를 섭취하도록 유도한다.

과일과 채소는 아이들에게 에너지, 섬유질, 수분, 비타민, 미네랄, 항산화제와 아직 이름이 정해지지 않은 식물성 생리활성물질을 제공한다. 모두 건강에 굉장히 좋은 영양소이며, 따라서 가능한 한 다양하게 섭취하는 것이 중요하다.

과일과 채소는 녹색, 붉은색, 오렌지색, 파란색과 그 외 잎채소로 분류할 수 있다. 각각의 색은 서로 다른 영양소를 제공하기 때문에 폭넓은 영양소를 얻기 위해서는 다양한 색의 과일과 채소를 먹는 것이 중요하다. 과일은 당분이 높기 때문에 채소에 비해 아이들이 좀 더 좋아한다. 과일보다 채소를 먼저 먹도록 제공한다. 과일은 치아에 끼어 충치의 원인이 될 수 있으므로 식사 때는 말린 과일만 곁들인다.

과일과 채소 섭취가 필요한 이유

- 비타민, 미네랄, 항산화제를 제공한다.
- 소화를 돕고 변비 예방에 좋은 섬유질을 제공한다.
- 수분의 주요 공급원이다.

즐거운 과일과 채소 섭취

- 녹색 잎채소류
- 오렌지색, 붉은색, 보라색 과일과 채소
- 그 외 다른 모든 과일과 채소
- 콩류, 말린 완두콩과 렌틸콩 하루 1회씩

필수 섭취량

- 채소 하루 3~5회, 과일 하루 2~4회로 총 5~9회 섭취.
- 과일주스는 섬유질 부족과 높은 당분으로 하루 1회만 제공. 물과 함께 제공해 50% 정도 희석되도록 할 것.
- 당분이 적은 채소주스의 경우 하루 섭취량에 추가 권장.

과일과 채소			
섭취 필요성		**채소 재료**	**대략적인 1회 제공량**
비타민, 미네랄, 항산화성분 제공. 소화기관을 위한 섬유질 제공. 에너지 주요 공급원.		진녹색 채소, 청경채, 브로콜리, 녹색 양배추, 녹색 채소류, 케일, 시금치와 미나리	조리되지 않은 잎채소류(예: 시금치) 2~4큰술 또는 조리된 잎채소류 1~2큰술
하루 제공량		붉은색, 오렌지색, 보라색 채소류: 비트, 당근, 호박, 적황색 피망, 붉은 양배추와 토마토	1~2큰술
하루 5~9회 매 식사 또는 간식 때 적어도 1회 섭취		그 외 채소류: 아티초크, 가지, 아스파라거스, 아보카도, 콩나물, 콜리플라워, 호박, 오이, 콩류, 초록 피망, 상추, 버섯, 오크라, 양파	• 조리된 채소류: 1~2큰술 • 채소 스튜: 1 작은 그릇 • 조리되지 않은 채소: 4~6스틱
		콩, 말린 완두콩과 렌틸콩: 검은눈콩, 병아리콩, 구운 콩류, 강낭콩, 렌틸콩, 대두, 말린 완두	1큰술
		과일류	• 사과나 바나나 같은 큰 과일 1/2개 • 살구나 자두 같은 작은 과일 2개 • 약한 불에 끓인 과일 1~2큰술 • 물에 불린 말린 과일 2개(말린 살구·자두)
		과일 또는 채소주스	• 50mL의 물에 같은 양을 희석한 과일주스 하루 1회 • 100mL의 채소주스

칼슘이 풍부한 음식

칼슘이 풍부한 음식은 뼈 성장에 좋은 많은 미네랄을 함유하고 있기 때문에 아이들이 추가적으로 꼭 섭취해야 한다.

아이들의 뼈 성장을 위해 칼슘은 필수적으로 공급해야 하는 영양소다. 칼슘은 두유, 아몬드밀크, 귀리우유, 녹색 잎채소, 과일, 견과류, 두부 등 채소 재료로 만들어진 음식을 통해 섭취할 수 있다.

잠재 비소 함유로 쌀밀크는 5세 이하 아이들에게는 권장하지 않는다. 영국에서는 5세가 될 때까지 비타민 D를 추가 보충하도록 권장하고 있다.

칼슘이 풍부한 음식 섭취가 필요한 이유

- 뼈 성장에 필요한 칼슘을 제공한다.
- 채소 위주의 음식은 비타민 D를 제공하지 않기 때문에 충분한 햇빛에 노출되기 어려운 환경이라면 보조 제품을 통해 추가 보충해야 한다.

즐거운 칼슘 섭취

- 두부, 말린 살구·무화과, 씨앗류, 견과류와 같이 칼슘이 들어간 식물성 음식 위주로 제공한다.
- 칼슘이 풍부한 비유제품을 제공한다.

필수 권장량

- 하루 3회 칼슘이 풍부한 음식이나 음료를 섭취한다. 만약 칼슘 함유량이 낮다면 섭취량을 늘리도록 한다.

채소 위주의 풍부한 칼슘 함유 음식 예시	
음식	100g당 함유량(mg)
칼슘이 풍부한 두유, 아몬드 밀크, 귀리 밀크	120
아몬드	240
브라질넛	170
참깨	670
해바라기씨	110
두부	510
말린 살구	92
말린 무화과	250
헤이즐넛	140
케일	150
시금치	160

칼슘이 풍부한 음식	
필요성	
에너지, 단백질, 칼슘 제공	
채소 재료	대략적인 1회 제공량
두유, 아몬드 밀크, 귀리 밀크 같은 비유제품으로 칼슘이 풍부한 밀크	100~150mL
칼슘이 풍부한 두유 요거트	100mL
두부	25mL
무화과	말린 무화과 1개 불려서 준비: 1/2회 섭취
타히니	1큰술: 1/2회 섭취
녹색 잎채소	100mL
하루 제공량	
식사, 간식, 음료 섭취의 일부로 하루에 3회 섭취, 하루 권장 칼슘 섭취량(영국 영양 참고서 기준): 1~3세 아동은 350mg, 4~6세 아동은 450mg	

물

물은 집중력뿐 아니라 체내 활동을 위해 꼭 필요한 요소이다.

물은 체온 조절, 소화, 영양소 공급과 에너지 생산을 하는 데도 필요하다. 물은 대부분 음식과 음료를 통해 섭취 가능하며 어린아이들은 하루에 적어도 물 100mL를 6~8회 마셔야 한다. 식사 중 물을 많이 섭취하면 소화효소를 희석시킬 수 있기 때문에 끼니 사이에 마시는 것이 가장 좋다. 많은 양의 물 섭취는 아이들의 작은 위를 채워버려 식욕 감퇴를 불러올 수 있다. 신장에 무리가 가지 않도록 물은 조금씩 규칙적으로 섭취해야 한다. 물은 아이가 원할 때 하루 중 언제든 마실 수 있도록 제공하고, 아이가 스스로 기억해 물 섭취를 챙길 것으로 기대하지 말아야 한다. 물 섭취는 학습되어야 하는 습관이다. 끼니 사이에 노는 중간 잠시 쉬게 하고 충분히 물을 섭취하도록 유도해주는 게 좋다.

아이가 두 살 정도 되면 페트병이나 마개가 있는 컵이 아니라 일반적인 컵을 사용해 음료를 마시게 해야 한다. 이는 우유나 희석된 주스 같은 단 음료를 마실 때 치아가 손상되는 것을 막기 위해서다.

물과 음료	
필요성	
집중력, 체온 조절, 소화, 변비 예방, 영양소 공급, 척수와 관절의 완충 작용	
좋은 재료	대략적인 1회 제공량
물: 수돗물, 정수물, 생수	과일주스 제외 100~150mL, 과일주스 50mL와 같은 양의 물 함께 섭취
칼슘이 풍부한 두유 요거트	
과일 또는 채소주스	
아동용 무가당 허브티 (예: 과일 또는 페퍼민트티)	
하루 제공량	
하루 100~150mL씩 6~8회, 날이 덥거나 운동 후에는 더 많이 섭취	

Tip

물은 다른 필수 영양소처럼 꼭 섭취해야 하는 식품군으로 여기고 끼니 사이에 규칙적인 물 섭취가 중요하다는 점을 아이들에게 알려줄 것.

!

헬렌 도론의 건강한 레시피

샐러드

★★★★★
함유 영양소
식이섬유, 비타민 K,
엽산, 칼륨,
철분, 망간

2가지 비트 샐러드

6 인분

눈과 입이 즐거운 비트 샐러드

눈이 즐거운 비트 샐러드

재료

비트 3~4개
양파(중간 크기) 1개
마늘 2~3쪽
샐러드용 오일 2큰술
잘게 썬 고수 2큰술
레몬즙 1큰술
큐민 1작은술
소금 1/2작은술
후춧가루 약간

만드는 법

1 양파는 채썰고, 마늘은 다진다.
2 비트를 깨끗이 씻어 통째로 중간 크기 소스팬에 담는다.
3 비트가 잠길 만큼 물을 붓고 부드러워질 때까지 60분간 끓인다.
4 ③의 비트를 두껍게 썰어 식힌 후 나머지 재료와 골고루 섞어 낸다.

새콤달콤 입이 즐거운 비트 샐러드

재료

비트 3개
샐러드용 오일 1 1/2큰술
식초 1/2큰술
설탕 1작은술
큐민 1/2작은술
소금 1/4작은술
후춧가루 약간

만드는 법

1 비트는 껍질을 벗겨 채칼로 곱게 썬다.
2 작은 볼에 샐러드용 오일, 식초, 설탕, 큐민, 소금, 후춧가루를 넣고 섞는다.
3 ①의 비트에 ②를 뿌리고 잘 섞는다.
4 차갑게 낸다.

브로콜리와 병아리콩 샐러드

영양 가득, 담백하고 신선한 샐러드

재료

샐러드

브로콜리 1송이
당근(큰 것) 2개
병아리콩 1캔(400g)
잘게 썬 이탤리언 파슬리 1/2컵(30g)

드레싱

엑스트라버진 올리브 오일 4큰술
레몬즙 2큰술
소금 1/2작은술
후춧가루 1/4작은술
설탕 1~2작은술(기호에 따라 조절)

만드는 법

1 브로콜리는 깨끗이 씻어 먹기 좋은 크기로 썰고, 당근은 채썬다. 병아리콩은 물기를 뺀 후 헹군다.
2 찜기를 올린 냄비에 2.5cm 높이로 물을 붓고 끓인다.
3 찜기에 브로콜리, 당근을 올리고 뚜껑을 덮은 후 적당히 부드러우면서 아삭해질 때까지 2~3분간 찐다.
4 ③의 브로콜리와 당근을 찬물에 재빨리 헹군 후 충분히 물기를 뺀 다음 그릇에 담고 그 위에 병아리콩과 이탤리언 파슬리를 뿌린다.
5 작은 볼에 드레싱 재료를 넣고 저은 후 샐러드에 뿌리고 살살 뒤적여 섞는다.
6 냉장고에 넣었다가 차갑게 차려 낸다.

Tip 이 샐러드는 최대 사흘간 냉장 보관이 가능하다.

Tip 브로콜리 줄기도 사용할 수 있다. 껍질을 벗겨 잘게 썬 후 다른 채소들과 함께 찐다.

베이비콘 샐러드

아이들도 즐길 수 있는
아시안풍 샐러드

Tip 10~20분간 냉장고에 넣었다가 차갑게 담아 낸다.

재료

샐러드

베이비콘 2캔(800g)

방울토마토 25개

쪽파 2뿌리

참깨 1작은술

드레싱

간장 1큰술

샐러드용 오일 3/4큰술

참기름 1작은술

아가베시럽 1작은술

만드는 법

1 베이비콘은 적당한 크기로 썰고, 방울토마토는 반으로 자르고, 쪽파는 송송 썬다.

2 채소들을 중간 크기 볼에 담고 섞는다.

3 작은 볼에 드레싱 재료를 넣고 저어서 샐러드 재료에 뿌린다.

4 참깨를 뿌리고 다시 한 번 섞는다.

5 냉장고에 넣었다가 차갑게 차려 낸다.

Tip 풋콩(에다마메)은 청대콩이라고도 하며 구하기 어려우면 완두콩으로 대체할 수 있다.

옥수수와 풋콩 샐러드

간단하지만 만족스러운 아시안풍 샐러드

재료

샐러드

풋콩(에다마메) 370g
옥수수콘 350g
참깨 2큰술
소금 약간

드레싱

간장 2작은술
참기름 2큰술
식초 1큰술
설탕 2작은술

만드는 법

1 큰 냄비에 물을 적당량 붓고 끓인다.
2 풋콩을 넣고 3분간 끓인 다음 식혀 깍지에서 콩만 발라낸다.
3 옥수수콘과 소금을 넣고 2분간 더 끓인다.
4 ③을 체에 넣고 찬물에 헹군다.
5 작은 볼에 드레싱 재료를 넣고 섞는다.
6 중간 크기 볼에 풋콩과 옥수수콘을 넣고 드레싱을 뿌린 후 섞는다.
7 참깨를 뿌리고 다시 한 번 섞는다.
8 냉장고에 넣었다가 차갑게 차려 낸다.

당근 대추야자 아몬드 샐러드

달콤하고 톡 쏘는 맛의 샐러드

Tip 대추야자는 철분과 미네랄이 풍부한 말린 과일이다. 구하기 힘들면 다른 말린 과일(건살구, 건자두, 건포도) 등으로 대체할 수 있다.

재료

샐러드

당근(큰 것) 4개

씨를 뺀 대추야자 170g

조각낸 아몬드 60g

송송 썬 쪽파 1큰술(선택)

드레싱

레몬즙 4큰술

큐민가루 1작은술

계핏가루 1작은술

소금 $^{1}/_{2}$작은술

고춧가루 약간

샐러드용 오일 3큰술

만드는 법

1 당근은 껍질을 벗겨 채칼로 채썰고, 대추야자는 슬라이스한다.

2 작은 프라이팬에 오일 1작은술을 두르고 아몬드를 살짝 볶은 후 한쪽에 둔다.

3 중간 크기 볼에 대추야자와 당근을 넣고 섞는다.

4 작은 볼에 드레싱 재료를 넣고 섞는다.

5 샐러드 재료에 ④를 뿌리고 잘 섞는다.

6 샐러드에 ②의 아몬드와 쪽파를 올리고 차려 낸다.

Tip
양배추, 적채 등 다양한 종류의
배추를 이용할 수 있다.

아시아 양배추 샐러드

간단하게 즐길 수 있는 아시안풍 샐러드

재료

샐러드

아몬드 200g
참깨 100g
샐러드용 오일 1큰술
양배추(작은 것) 1/4통

드레싱

포도씨유 6큰술
식초 4큰술
설탕 4큰술
간장 4큰술

만드는 법

1 아몬드는 조각내고, 양배추는 채썬다.
2 샐러드용 오일을 작은 팬에 두르고 아몬드를 살짝 볶은 후 한쪽에 둔다.
3 작은 볼에 포도씨유, 식초, 설탕, 간장을 넣고 섞는다.
4 큰 볼에 ①의 양배추를 넣고 ②의 아몬드와 참깨를 넣는다.
5 ④에 ③의 드레싱을 뿌리고 잘 섞는다.
6 냉장고에 넣었다가 차갑게 차려 낸다.

병아리콩 샐러드

색감이 다양한 맛있고
포만감 있는 샐러드

재료

샐러드

방울토마토 20개(250~300g)
병아리콩 1캔(400g)
주황 파프리카 1개
적양파(작은 것) 1개
마늘 3쪽
이탈리언 파슬리 한 줌
바질 잎 10장
잘게 썬 민트 1/2큰술

드레싱

레몬(큰 것) 1개
엑스트라버진 올리브 오일 8큰술
설탕 1/2작은술
소금 · 후춧가루 약간씩

만드는 법

1 방울토마토는 반으로 자르고, 병아리콩은 물기를 빼서 헹구고, 주황 파프리카는 한입 크기로 썬다.
적양파 · 이탈리언 파슬리 · 바질은 잘게 썰고, 마늘은 다지고, 레몬은 즙을 낸다.

2 작은 볼에 레몬즙과 다른 드레싱 재료를 넣고 섞는다.

3 큰 볼에 모든 채소와 허브를 넣고 ②의 드레싱을 뿌린 후 섞는다.

4 상온으로 차려 낸다.

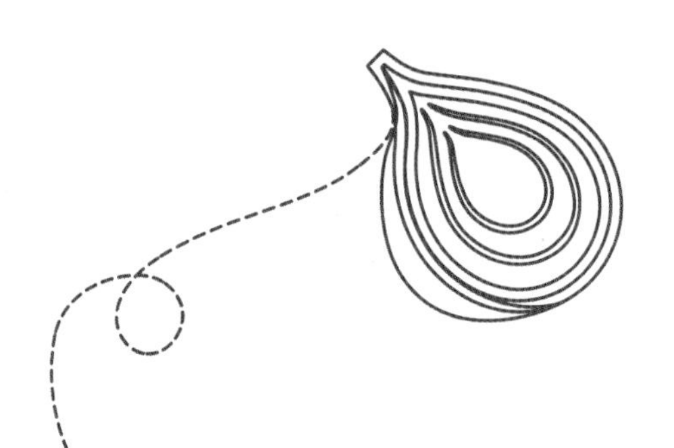

★★★★★
함유 영양소
식이섬유, 비타민A·C·K,
풍부한 미네랄

브로콜리와 당근 샐러드

미각을 일깨워줄 상큼한 샐러드

재료

샐러드
브로콜리 2송이
당근 1/2개
붉은 피망 1개
베이비콘 1캔(400g)

드레싱
식초 8큰술
설탕 7큰술
간장 1큰술
고춧가루 1작은술
(맛을 위해 적게 사용해도 무방)
참기름 1작은술

만드는 법

1 브로콜리는 꽃과 줄기를 분리한 후 먹기 좋은 크기로 썰고, 당근은 껍질을 벗겨 채썰거나 어슷썰기한다. 피망은 슬라이스하고, 베이비콘은 찬물에 헹궈서 적당한 크기로 썬다.
2 작은 냄비에 식초, 설탕, 간장, 고춧가루를 넣어 섞는다.
3 ②를 센 불에서 계속 저으면서 끓이다가 끓으면 불을 줄이고 설탕이 녹을 때까지 젓는다.
4 불에서 내리고 참기름을 뿌린 후 한쪽에 둔다.
5 끓는 물에 브로콜리를 넣어 밝은 녹색으로 아삭해질 만큼 익히고 당근도 1~2분간 익힌 후 찬물에 헹군다.
6 키친타월로 ⑤의 물기를 닦은 후 큰 볼에 넣는다.
7 피망과 베이비콘을 넣는다.
8 ⑦의 채소에 ④의 드레싱을 뿌린 후 잘 섞는다.
9 상온으로 차려 낸다.

옥수수 샐러드

바비큐파티나 피크닉에 잘 어울리는 샐러드

재료

샐러드

스위트콘 2캔(800g)
붉은 피망 1개
녹색 피망 1개
피클 2~3개
쪽파 2뿌리
잘게 썬 이탤리언 파슬리 1/2컵(30g)

드레싱

마늘 2쪽
샐러드용 오일 4큰술
식초 2큰술
레몬즙 2작은술
디종 머스터드 1/2작은술
아가베시럽 1큰술
큐민 1/2작은술
소금·후춧가루 1/4작은술씩

만드는 법

1 스위트콘은 찬물에 헹궈서 물기를 빼고, 피망과 피클은 깍둑썰기하고, 쪽파는 송송 썰고, 마늘은 다진다.
2 큰 볼에 모든 샐러드 재료를 넣는다.
3 작은 볼에 드레싱 재료를 넣고 젓는다.
4 차려 내기 1시간 전에 ③의 드레싱을 샐러드 재료에 뿌려 잘 섞는다.
5 상온으로 차려 낸다.

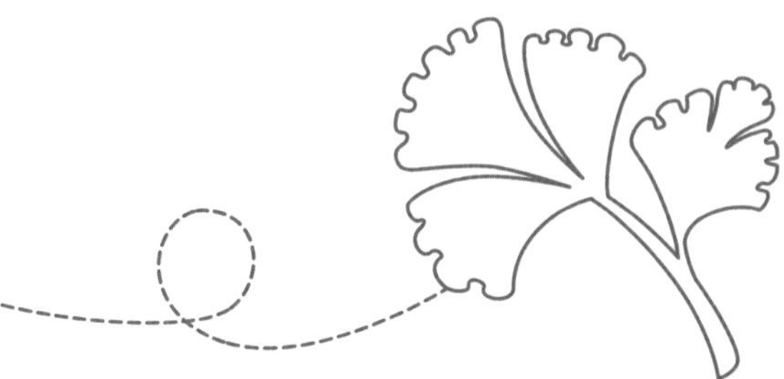

Tip 볶은 땅콩이나 피칸으로 장식한다.

Tip 더 생동감 있는 색감을 위해 적채를 사용한다.

Tip 이 샐러드는 며칠간 냉장 보관할 수 있다.

코울슬로

여름 피크닉이나 모임에 추천하는 샐러드.

재료

샐러드
양배추(작은 것) 1통
당근 1개

드레싱
마늘 1쪽
설탕 2~3큰술
소금 1작은술
샐러드용 오일 3큰술
식초 5큰술

만드는 법

1 양배추는 채썰고, 당근은 껍질을 벗겨 채칼로 채썰고, 마늘은 다진다.
2 큰 볼에 채썬 채소를 담는다.
3 작은 볼에 드레싱 재료를 넣고 섞어 샐러드 재료에 뿌리고 잘 섞는다.
4 냉장고에 넣었다가 차갑게 낸다.

터키식 토마토 샐러드

어디든 잘 어울리는 신선한 샐러드

재료

샐러드

토마토 4개
오이(큰 것) 2개
피망 1개
노랑 파프리카 1개
양파(작은 것) 1개
마늘 2쪽
잘게 썬 이탤리언 파슬리 1/2컵(30g)

드레싱

레몬즙 2큰술
레드와인 식초 1큰술
토마토주스 2큰술(선택)
스위트 파프리카가루 1/2작은술
큐민 1/4작은술
소금·후춧가루 약간씩

만드는 법

1 토마토는 적당한 크기로 썰고, 오이와 양파는 껍질을 벗겨 깍둑썰기하고, 피망은 잘게 썰고, 마늘은 다진다.
2 큰 볼에 모든 채소를 담는다.
3 작은 볼에 드레싱 재료를 넣고 젓는다.
4 ③을 샐러드 재료에 뿌리고 잘 섞는다.
5 냉장고에 넣었다가 차갑게 낸다.

Tip 귤의 속껍질을 제거하려면 윗부분을 부엌 가위로 잘라낸 후 속껍질을 살살 벗겨낸다.

Tip 이 음식은 '구운 불거와 타히니볼'이나 '달콤한 고구마 요리'와 잘 어울린다.

만다린 샐러드

신선하고 새콤한 맛의 샐러드

재료

샐러드

로메인 1포기
양상추 1통
쪽파 2뿌리
귤 통조림 1캔(320g) 또는
신선한 귤 2개
조각낸 아몬드 $^1/_2$컵

드레싱

포도씨유 4큰술
식초 2큰술
소금 $^1/_2$작은술
설탕 1큰술

만드는 법

1 로메인과 양상추는 한입 크기로 뜯고, 쪽파는 어슷썰기한다. 통조림 귤은 물기를 빼고 신선한 귤은 속껍질을 벗겨 하얀 심을 제거한 후 쪼갠다.
2 포도씨유 1큰술을 두르고 아몬드를 볶은 후 한쪽에 둔다.
3 큰 볼에 로메인과 양상추, 쪽파를 넣는다.
4 작은 볼에 드레싱 재료를 넣고 섞는다.
5 차려 내기 전 귤, ②의 아몬드, 드레싱을 샐러드 재료에 넣고 가볍게 섞는다.

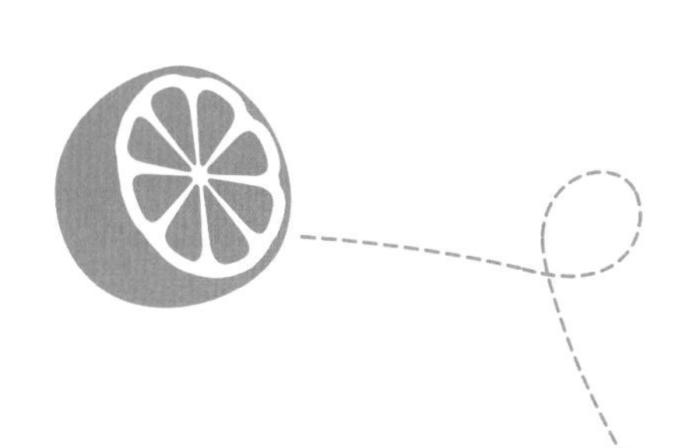

중동식 샐러드, 타불레*

신선하고 포만감 있는, 사이드 디시로
활용 가능한 한 끼 샐러드

재료

샐러드

불거 1/2컵
잘게 썬 이탈리언 파슬리 2컵
잘게 썬 민트 1/2컵
토마토 2개
오이 4개

드레싱

마늘 1~2쪽
레몬즙 3큰술
올리브 오일 1큰술
소금 약간

만드는 법

1 토마토와 오이는 깍둑썰기한다.
2 불거에 1cm 정도 높이가 되도록 끓는 물을 부은 후 뚜껑을 덮고 물이 다 흡수될 때까지 10분간 둔다.
3 큰 볼에 ①의 토마토와 오이, 이탈리언 파슬리, 민트를 넣는다.
4 ③에 ②의 불거를 조금씩 넣어가며 잘 섞는다.
5 작은 볼에 드레싱 재료를 넣고 섞은 후 ④의 샐러드에 뿌리고 잘 섞는다.
6 상온으로 차려 낸다.

* 타불레(Tabbouleh): 중동식 채소 샐러드

Tip 불거는 쿠스쿠스나 퀴노아로 대체할 수 있다.

Tip 이 샐러드는 '콩으로 만든 멕시칸 랩'이나 '간단한 칠리 요리'와 잘 어울린다.

아보카도 샐러드

간단하고 맛있는 샐러드

재료

샐러드

아보카도(큰 것) 2개
토마토 2개
적양파(큰 것) 1/2개
잘게 썬 고수 잎 1/2컵

드레싱

레몬즙(반개 분량)이나 라임즙
소금 · 후춧가루 약간씩
마늘 1쪽(선택)

만드는 법

1 껍질 벗긴 아보카도와 토마토는 한입 크기로 썬다. 적양파는 잘게 썰고, 마늘은 다진다.
2 중간 크기 볼에 샐러드 재료를 담는다.
3 작은 볼에 드레싱 재료를 넣고 섞는다.
4 ②의 샐러드에 드레싱을 뿌리고 가볍게 섞는다.

딸기 샐러드

과일과 채소의 기분 좋은 콤비네이션

재료

샐러드

베이비 시금치나 믹스 샐러드 4~6컵(800~1000g)
딸기 250g
망고 1개
적양파(큰 것) 1/2개
말린 크랜베리 1/2컵
조각낸 아몬드 1/2컵

드레싱

설탕 3 1/2큰술
포도씨유 6큰술
발사믹 식초 3큰술
소금 1/2작은술

만드는 법

1 딸기는 꼭지를 뗀 후 슬라이스하고, 망고는 껍질을 벗겨 한입 크기 큐브 형태로 자르고, 적양파는 얇게 썬다.
2 오븐에 포도씨유 1큰술을 두르고 아몬드를 황금빛이 돌 때까지 구운 후 한쪽에 둔다.
3 큰 볼에 베이비 시금치나 믹스 샐러드를 넣고 딸기, 망고, 적양파와 섞는다.
4 설탕, 포도씨유, 식초, 소금을 병이나 뚜껑이 있는 용기에 넣고 잘 흔든다.
5 차려 내기 전 드레싱과 ②의 아몬드, 말린 크랜베리를 샐러드 재료에 넣어 잘 섞는다.
6 냉장고에 넣었다가 차갑게 낸다.

Tip 아몬드 대신 호두, 피칸 등을 이용해도 된다.

Tip 이 샐러드는 '프리마베라 파스타'나 '라타투이'와 잘 어울린다.

Tip 마른 병아리콩은 하룻밤 물에 불린 후 압력솥에 삶아 사용한다.

Tip 쿠스쿠스(Cous Cous)는 좁쌀 모양의 파스타로 주로 아프리카에서 먹는다. 재미난 질감으로 아이들이 좋아한다.

쿠스쿠스 샐러드

마음까지 따뜻하게 해주는 완벽한 메뉴

재료

물 1.5L
당근 1개
감자(중간 크기) 4개
양파(큰 것) 1개
병아리콩 1캔(400g)
고구마(큰 것) 1개
단호박 200g
셀러리 4대
양배추 1/4통
소금, 후춧가루 약간씩
강황가루 1/2작은술
채소스톡 2작은술
통밀 쿠스쿠스 1팩

만드는 법

1 당근은 둥근 모양으로 썰고, 감자·양파·양배추는 4등분하고, 병아리콩은 물기를 따라내고 헹궈둔다. 고구마와 단호박은 껍질을 벗겨 한입 크기로 썰고, 셀러리는 잘게 자르되 잎 부분은 버리지 말고 남겨둔다.
2 큰 냄비에 물을 붓고 중간 불에 끓인다.
3 ②에 당근, 감자, 양파, 병아리콩, 강황가루, 채소스톡을 넣는다.
4 뚜껑을 덮고 채소들이 부드러워질 때까지 20분간 끓인다.
5 셀러리 잎을 제외한 나머지 채소를 모두 넣고 15분간 끓인다. 필요시 물을 약간 추가한다.
6 ⑤의 맛을 보고 취향에 맞게 간한 후 셀러리 잎을 넣고 다시 15분간 끓인다.
7 쿠스쿠스 포장지에 적힌 방법에 따라 쿠스쿠스를 준비한다.
8 각자의 그릇에 쿠스쿠스를 덜고 완성된 수프를 부어 차려 낸다.

수프

단호박 시나몬 수프

항산화 효과가 높고 담백한 수프

재료

올리브 오일 1큰술
단호박 1kg
시나몬 스틱 1개(2g)
생강 15g
월계수 잎 4장
마늘 4쪽
토마토 퓨레 1큰술
스위트 파프리카가루 2작은술
메이플시럽 2큰술
물 1.2L
채소 스톡 4작은술
냉동 스위트콘 250g
플레인 두유 요거트(선택)

만드는 법

1 단호박은 씨와 껍질을 제거해 잘게 썰고, 생강과 마늘은 다진다.
2 큰 소스팬에 올리브 오일을 두르고 달군 후 스위트콘, 물, 채소스톡을 제외한 나머지 재료를 넣고 볶는다.
3 ②에 물과 채소 스톡을 넣고 잘 섞은 후 끓인다.
4 불을 줄이고 뚜껑을 덮어 20분간 끓이거나 호박이 부드러워질 때까지 끓인다.
5 월계수 잎과 시나몬 스틱을 빼내고 부드러워질 때까지 블렌더로 간다.
6 스위트콘을 넣고 수프를 다시 끓이다가 끓기 시작하면 불을 줄이고 5분간 더 끓인다.
7 플레인 두유 요거트와 함께 차려 낸다(선택).

Tip 플레인 두유 요거트는 선택 사항이므로 넣지 않아도 되고 플레인 요거트로 대체해도 된다.

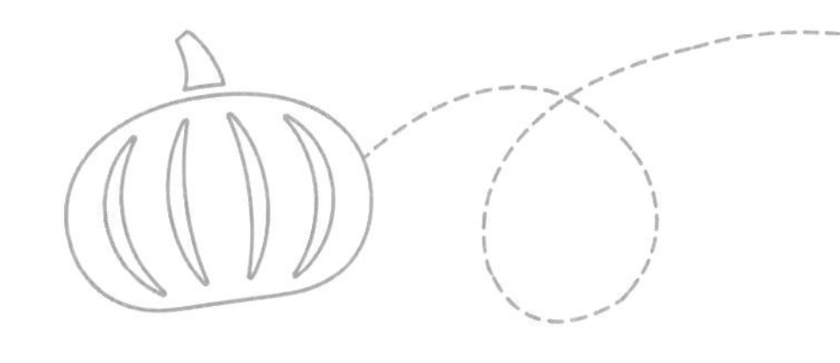

Tip 풍미를 더하기 위해 기름을 두르지 않은 프라이팬이나 오븐에 구운 호박씨를 두유소스나 향신료와 함께 섞어 사용해도 된다.

Tip 롤빵, 샐러드와 함께 차려 낸다.

완두콩 수프

신선하고 맛있는 수프

재료

올리브 오일 2큰술
양파(큰 것) 1개
마늘 3~4쪽
당근 $^{2}/_{3}$개
셀러리 2대
감자 2개
이탤리언 파슬리 1다발
코리앤더 1다발
완두콩 600g
물 1~1.5L
채소스톡 2~3큰술
소금·후춧가루 약간씩
고추 1개(선택)
고춧가루 또는 크루통 약간(고명용, 선택)

만드는 법

1 양파와 마늘·이탤리언 파슬리 ·코리앤더는 다지고, 껍질을 벗긴 당근과 감자, 셀러리는 깍둑썬다.
2 큰 소스팬에 오일을 두르고 달군 후 양파와 마늘을 넣고 노릇해질 때까지 볶는다.
3 완두콩, 이탤리언 파슬리, 코리앤더, 셀러리, 당근, 감자를 넣고(매운맛을 원하면 고추 첨가) 채소가 잠길 만큼 물을 충분히 부은 후 채소스톡을 넣는다.
4 뚜껑을 덮어 채소가 부드러워질 때까지 20~30분간 끓인다.
5 기호에 맞는 식감으로 블렌더로 간다. 필요시 물을 좀 더 넣어도 된다. 한소끔 끓여 완성한다.

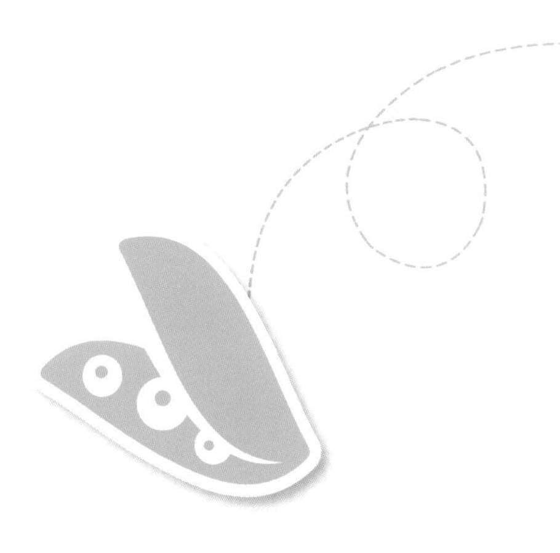

Tip 바삭한 식감을 위해 크루통을 곁들인다.

주키니 수프

뜨겁게 먹어도, 차갑게 먹어도 맛있는 수프

재료

올리브 오일 2~3큰술
양파(큰 것) 1개
주키니(중간 크기) 4~5개
감자 2개
물 1L+500mL
드라이 바질 1작은술
강판에 간 넛맥 1/2작은술
*채소스톡 2~3큰술
소금·후춧가루 약간씩

만드는 법

1 양파는 얇게 썰고, 주키니는 깍둑썰고, 감자는 껍질을 벗겨 깍둑썬다.
2 큰 냄비에 오일을 두르고 달군 후 양파와 주키니, 감자를 넣고 부드러워질 때까지 볶는다(갈색이 되기 전까지만 볶는다).
3 채소가 잠길 만큼 물을 충분히 붓고 바질, 넛맥, 채소스톡을 넣는다.
4 한소끔 끓인 후 불을 줄여서 15분간 끓인다.
5 ④를 블렌더로 간다.
6 물을 조금씩 나눠 넣으며 끓여 원하는 농도로 만든다.
7 소금과 후춧가루를 뿌리고 차려 낸다.

*채소스톡(채소육수가루)은 유기농 코너에서 구매할 수 있다. 없다면 생략 가능하다.

버섯 보리 수프

향긋하고 부드러운 건강한 수프

재료

올리브 오일 2~3큰술
양파(큰 것) 1개
양송이버섯(중간 크기) 10개
당근 1개
셀러리 2대
마늘 2쪽
물 2L
타임 2줄기
채소스톡 2큰술
통보리 200g
이탤리언 파슬리 작은 한 줌
소금·후춧가루 약간씩

만드는 법

1 양파와 셀러리는 깍둑썰고, 당근은 껍질을 벗겨 깍둑썰고, 마늘과 이탤리언 파슬리는 다진다.
2 큰 냄비에 오일을 두르고 달군 후 양파를 넣고 노릇해질 때까지 볶다가 양송이버섯을 넣고 부드러워질 때까지 다시 볶는다.
3 당근, 셀러리, 마늘을 넣고 1~2분간 더 볶는다.
4 ③에 물, 타임, 채소스톡, 통보리를 넣는다.
5 ④를 한소끔 끓인 후 불을 줄여서 뚜껑을 살짝 열고 30분간 끓인다.
6 이탤리언 파슬리를 넣고 통보리가 푹 익을 때까지 끓인다.
7 기호에 따라 소금과 후춧가루로 간한다.

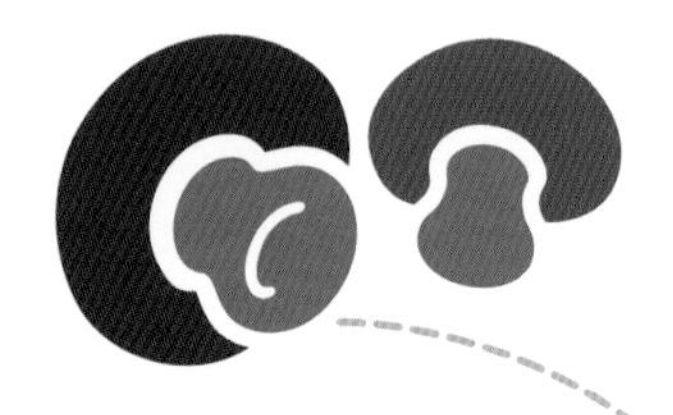

Tip 신선한 버섯 대신 통조림 버섯을 사용할 경우
조리 전 깨끗이 헹군다.

엄마손 수프

추위를 녹이는 수프

재료

이탤리언 파슬리 1줄기
딜 2줄기
양파(중간 크기) 2개
마늘 2쪽
*뿌리셀러리(셀러리액) 1~2대
통후추 5개
물 1.5~2L
굵은소금·설탕 약간씩
당근 1개
감자 1개
고구마 1개
채소스톡 2~3작은술

만드는 법

1 큰 냄비에 파슬리와 딜을 깔고 그 위에 양파, 마늘, 뿌리셀러리, 통후추를 고르게 펼쳐 놓는다.
2 물 6컵(1.5L)을 붓고, 한소끔 끓인 후 불을 줄이고 뚜껑을 덮어 20분간 더 끓인다.
3 익힌 채소를 모두 건져낸다.
4 당근, 감자, 고구마 또는 호박을 넣고 뚜껑을 덮어 부드러워질 때까지 20분간 끓인다.
5 소금, 설탕, 야채스톡으로 간하고 필요시 물을 더 추가한다.

*뿌리셀러리(Celery Roots): 셀러리의 일종으로, 셀러리액(Celeriac)이라 부르기도 한다. 우리가 흔히 아는 셀러리와는 달리 뿌리를 얻기 위해 재배한다. 맛은 강한 셀러리와 이탤리언 파슬리의 중간쯤이다. 최근 국내에서도 재배된다.

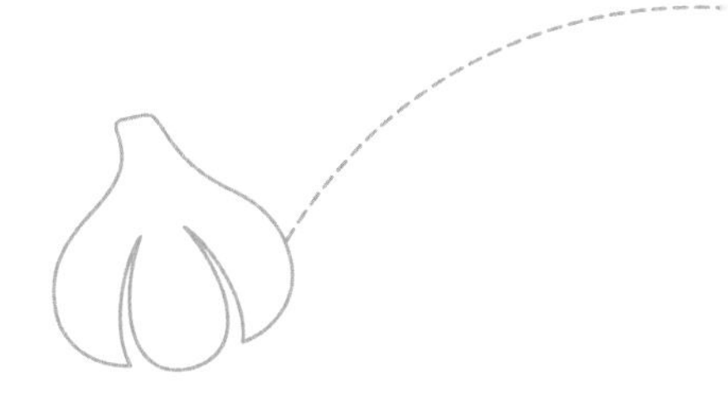

Tip 이 수프에는 파스타면을 곁들여도 좋다.

두부 된장국

풍미가 가득한 한국식 수프

Tip 표고버섯은 수프에 진한 풍미를 더해준다.

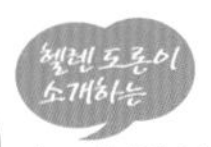

재료

물 2L+500mL
마른 표고버섯 4개
양파(작은 것) 1개
다시마(사방 15cm) 1조각
된장 6큰술
얇게 저민 생강 1큰술(11g)
마늘 4쪽
고춧가루 $^{1}/_{2}$작은술
주키니 360g
자색감자(작은 것) 2개(225g)
양송이버섯 4개
간장 4큰술
*대추야자시럽 2작은술
연두부 1팩(340g)
쪽파 약간(선택)

만드는 법

1 양파는 얇게 썰고, 마늘은 껍질을 벗겨 반으로 자른다. 주키니·자색감자·연두부는 잘게 깍둑썰기하고, 양송이버섯은 얇게 썰고, 쪽파는 어슷썬다.
2 큰 냄비에 물, 마른 표고버섯, 양파, 다시마, 된장, 생강, 마늘, 고춧가루를 넣는다.
3 한소끔 끓인 후 불을 줄여서 20분간 뭉근히 끓인다.
4 볼 위에 체를 놓고 키친타월이나 면포를 올려 ③을 거른다. 표고버섯만 따로 둔다.
5 표고버섯은 잘게 썬다.
6 ④의 국물을 큰 냄비에 다시 붓고 ⑤의 표고버섯을 넣어 끓인다.
7 주키니, 감자, 양송이버섯을 넣고 20분 정도 감자가 푹 익을 때까지 끓인다.
8 물 2컵을 추가로 붓고 간장, 대추야자시럽을 넣는다.
9 맛을 보며 간한다.
10 연두부를 넣고 5분간 더 끓인다.
11 쪽파와 함께 차려 낸다.

* 대추야자: 우리나라 대추와 비슷하지만 전혀 다른 나무의 열매. 세상에서 가장 달콤한 과일로 중동 지역에서 많이 난다. 잘 익은 대추야자를 자연 건조해 오랜 시간 끓여 만든 것이 대추야자시럽이다. 설탕 대용으로 사용하며 메이플시럽이나 조청으로도 대체 가능하다. 최근 국내에서도 판매되고 있다.

단호박 수프

부드럽고 맛있는 건강 수프

재료

올리브 오일 1큰술
양파(작은 것) 2개
마늘 4쪽
당근 1개
감자 2개
단호박 450g
두유, 아몬드밀크 또는 라이스밀크 500mL
잘게 썬 타임 · 로즈메리 1작은술씩
채소 육수 1.5L

만드는 법

1 양파와 마늘은 잘게 다지고, 당근과 감자는 껍질을 벗겨 깍둑썬다. 단호박은 씨와 껍질을 제거하고 깍둑썬다.
2 큰 냄비에 올리브 오일을 두르고 달군 후 양파와 마늘을 넣고 투명해질 때까지 볶는다.
3 ②에 당근, 감자, 단호박, 채소 육수, 허브를 넣고 잘 섞는다.
4 한소끔 끓인 후 불을 줄여서 뚜껑을 덮고 채소가 푹 익을 때까지 끓인다.
5 핸드블렌더로 채소를 으깨어 섞고 두유를 넣어 저은 후 뭉근하게 끓인다.
6 따뜻하게 차려 낸다.

HOME
MADE

흰강낭콩 파스타 수프

이탈리아 토스카나 지역의 전통적인 콩 수프

재료

올리브 오일 2큰술
양파 2개
마늘 2쪽
토마토퓨레 260g(따뜻한 물 250mL와 섞어서 준비)
냉동 흰콩(통조림 콩을 사용해도 됨) 500g
물 1.8L
드라이 오레가노 $^{1}/_{2}$작은술
고춧가루 $^{1}/_{4}$작은술
월계수 잎 2장
채소스톡 3~4작은술
이탤리언 파슬리 한 줌
소금·후춧가루 약간씩
마카로니 또는 다른 종류의 쇼트 파스타 1봉지(500g)

만드는 법

1 양파는 잘게 썰고, 마늘과 이탤리언 파슬리는 다진다.
2 큰 냄비에 올리브 오일을 두르고 중불로 달군 후 양파를 넣고 부드러워질 때까지 5분간 볶는다.
3 마늘을 넣고 1분간 더 볶는다.
4 약한 불로 줄인 후 희석한 토마토퓨레를 넣고 잘 저은 다음 흰콩, 물, 채소스톡, 오레가노, 고춧가루, 월계수 잎을 넣는다. 한소끔 끓인 후 약한 불로 줄여서 30분간 더 끓인다.
5 끓는 물에 파스타를 넣고 알단테로 6~8분간 삶은 후 건져서 한쪽에 둔다.
6 ⑤의 파스타를 그릇에 담은 후 ④의 수프를 담아 낸다.

다양한 맛을 위해 시금치 같은 다른 채소를 수프에 넣어도 좋다.

붉은 렌틸콩 수프

쌀쌀한 날에 추천하는 부드럽고 달콤한 수프

재료

올리브 오일 1큰술
적양파(작은 것) 1개
마늘 3쪽
셀러리 2~3대
스위트 파프리카가루 1작은술
큐민가루 1작은술
후춧가루 약간
붉은 렌틸콩 400g
고구마 2개
물 2L
채소스톡 4작은술
레몬즙 2작은술(선택)

만드는 법

1 적양파·마늘·셀러리는 다지고, 붉은 렌틸콩은 찬물에 씻어 물기를 빼고, 고구마는 껍질을 벗겨 잘게 썬다.
2 큰 소스팬에 올리브 오일을 두르고 달군 후 적양파와 마늘을 넣고 부드러워질 때까지 5분간 볶는다.
3 셀러리, 파프리카가루, 큐민가루, 후춧가루를 넣고 2분간 볶는다.
4 렌틸콩을 넣고 잘 저은 후 5분간 더 볶는다.
5 고구마와 물, 채소스톡을 넣고 한소끔 끓인 후 뚜껑을 덮고 중간에 한 번씩 저어주며 20분간 끓인다. 필요시 물을 약간 붓는다.
6 ⑤를 잘 저은 후 기호에 따라 레몬즙을 넣는다.
7 채소의 식감을 살리면서 핸드블렌더로 섞는다.
8 따뜻하게 차려 낸다.

눈꽃 수프

영양소가 풍부한 부드러운 하얀 수프

Tip 식감을 더하기 위해 크루통을 곁들인다.

재료

올리브 오일 2~3큰술
양파(큰 것) 1개
펜넬 2개
감자(중간 크기) 4개
콜리플라워 1송이
잘게 썬 타임 1작은술
채소스톡 2큰술
물 2 L
소금·후춧가루 약간씩

만드는 법

1 양파와 펜넬은 깍둑썰고, 감자는 껍질을 벗겨 깍둑썰고, 콜리플라워는 잘게 썬다.
2 큰 냄비에 올리브 오일을 두르고 달군 후 양파를 넣고 부드러워질 때까지 볶는다.
3 채소스톡, 소금, 후춧가루를 제외한 모든 재료를 넣고 채소가 충분히 잠기도록 물 1.5L를 붓는다.
4 한소끔 끓인 후 불을 줄여서 뚜껑을 덮고 모든 채소가 푹 익을 때까지 끓인다.
5 ④를 핸드블렌더로 잘 섞은 후 채소스톡과 소금, 후춧가루를 넣고 필요시 물을 약간 붓는다.
6 뜨겁게 차려 낸다.

Tip

말린 콩은 물에 충분히 불린 후 조리에 사용하기 전 압력솥에 삶는다. 남은 것은 다음에 사용할 수 있도록 냉동 보관한다. 말린콩은 통조림으로 대체 가능하다.

미네스트로네

가벼운 한 끼 식사로도 손색 없는 기분 좋은 수프

재료

올리브 오일 2~3큰술
양파(큰 것) 1개
마늘 3쪽
셀러리 2~3대
당근 1개
감자(중간 크기) 2개
애호박 또는 단호박 450g
토마토 400g
신선한 껍질콩(또는 냉동 껍질콩) 300g
냉동 완두콩 300g
통조림 강낭콩(또는 물에 불린 강낭콩) 400g
통조림 리마콩(또는 물에 불린 리마콩) 400g
이탤리언 시즈닝 2작은술
채소 육수 2L
조개 모양 파스타 200g
소금·후춧가루 약간씩

만드는 법

1 양파·셀러리·토마토는 깍둑썰고, 당근은 껍질을 벗겨 썰고, 감자와 애호박 또는 단호박은 껍질을 벗겨 깍둑썬다. 통조림 강낭콩과 리마콩은 찬물에 헹구고, 마늘은 다진다.
2 큰 냄비에 올리브 오일을 두르고 달군 후 양파, 마늘, 셀러리를 넣고 부드러워질 때까지 볶는다.
3 나머지 채소와 강낭콩, 리마콩, 채소 육수, 이탤리언 시즈닝을 넣는다.
4 한소끔 끓인 후 불을 줄여서 뚜껑을 덮고 채소가 부드러워질 때까지 끓인다.
5 ④에 파스타를 넣고 알단테가 될 때까지 6~8분간 삶는다.
6 기호에 따라 소금과 후춧가루를 첨가한다.

10

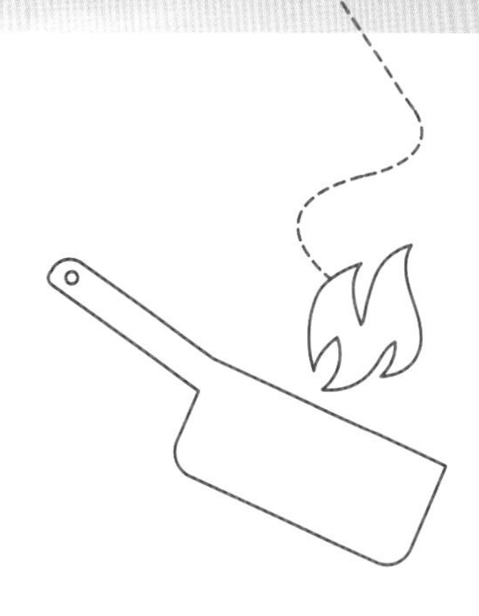

메인디시

구운 불거와 타히니볼

아이의 입맛에 딱 맞는 한입 크기 요리

타히니볼 25개 분량

재료

불거 190g
뜨거운 물 500mL
소금 1/2작은술
양파(작은 것) 1개
쪽파 1뿌리
당근 1/3개
*생타히니 2큰술
마늘 1쪽
큐민 1/2작은술
간장소스 1큰술
레몬즙 1큰술
이탤리언 파슬리 1/4단
올리브 오일(손에 묻히는 용도)
로메인(쌈을 싸 먹는 용도, 선택)

만드는 법

1 양파와 마늘은 다지고, 쪽파와 이탤리언 파슬리는 송송 썰고, 당근은 껍질을 벗겨 곱게 다진다.
2 오븐을 180℃로 예열한다.
3 뜨거운 물에 소금을 넣고 불거를 담근 후 뚜껑을 덮어 잠시 놓아둔다.
4 프라이팬에 양파와 뜨거운 물 1큰술을 넣어 노릇해지도록 재빠르게 볶는다.
5 올리브 오일과 로메인을 제외하고 볶은 양파를 포함한 모든 재료를 큰 볼에 담아 섞는다.
6 ⑤를 푸드프로세서나 핸드블렌더로 잘 섞는다.
7 오븐팬에 유산지를 깐다. 반죽이 묻지 않게 손에 올리브 오일을 살짝 묻힌 후 ⑥의 반죽을 볼, 패티 등 원하는 모양으로 빚은 다음 오븐팬에 2cm 간격을 두고 올린다.
8 오븐에서 10분간 굽고 뒤집어서 다시 10분간 굽는다.
9 구운 타히니볼은 싸 먹을 수 있도록 로메인을 곁들여 차려 낸다.

*타히니(Tahini): 참깨를 갈아 만든 페이스트.

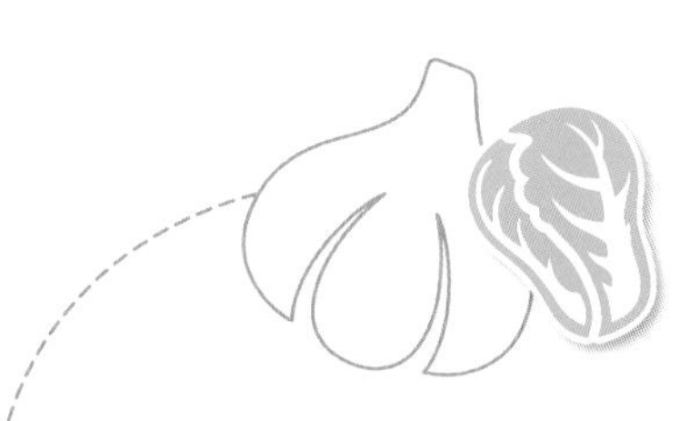

바삭한 옥수수 프리터

풍미 있는 스위트 칠리소스와 바삭한 옥수수 프리터의 만남

Tip 브로콜리, 당근, 쿠스쿠스를 곁들인 병아리콩 샐러드와 잘 어울린다.

재료

스위트 칠리 소스

현미식초 180mL

설탕 100g

고춧가루 1 1/2작은술

다진 마늘 1작은술

옥수수 프리터

밀가루(중력분) 110g

베이킹파우더 1/4작은술

소금 1/2작은술

큐민가루 1작은술

코리앤더가루 1작은술

옥수수가루 1큰술+물 2큰술

레몬즙 1작은술

물 120mL

옥수수 알맹이 300g

쪽파 4뿌리

다진 코리앤더 15g

코코넛 오일 적당량

만드는 법

스위트 칠리 소스

1 작은 소스팬에 소스 재료를 모두 넣고 중간 불에서 설탕이 녹을 때까지 나무숟가락으로 저으며 끓인다.

2 적당한 농도가 될 때까지 5~10분간 센 불에 끓인다.

3 소스팬을 불에서 내리고 식힌다.

옥수수 프리터

1 옥수수 알맹이는 옥수수 큰 것 3개에서 잘라내거나 냉동 옥수수 알맹이를 녹인 후 물기를 빼서 사용한다.

2 중간 크기 볼에 분량의 중력분, 베이킹파우더, 소금, 큐민가루, 코리앤더가루를 섞는다.

3 옥수수가루에 물 2큰술을 넣어 고루 섞은 후 레몬즙, 물(120mL)을 넣는다.

4 나무숟가락으로 매끄러워질 때까지 섞는다.

5 옥수수 알맹이, 다진 쪽파, 다진 코리앤더를 넣고 저어 반죽을 완성한다.

6 팬에 코코넛 오일을 충분히 두르고 중간 불로 달군 후 ⑤의 반죽 2큰술을 넣고 숟가락 뒷면으로 눌러 납작하게 모양을 잡는다.

7 먹음직스러운 갈색이 될 때까지 앞뒤로 2~3분간 지진다.

8 여분의 기름을 흡수할 수 있도록 종이포일이나 키친타월을 깐 접시에 완성된 ⑦의 옥수수 프리터를 올린다.

9 미리 만들어둔 스위트 칠리 소스와 함께 따뜻하게 차려 낸다.

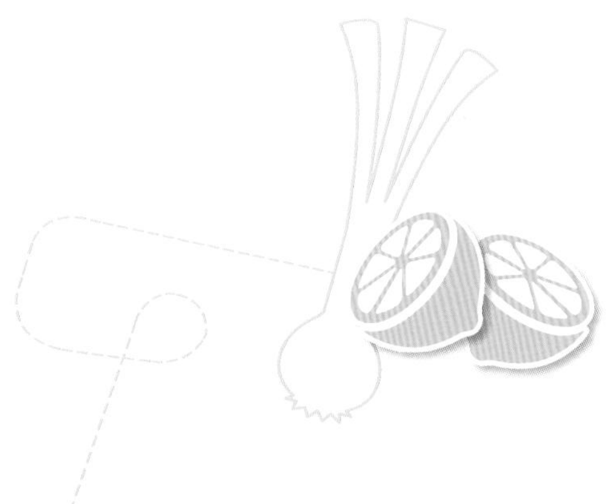

Tip 밥과 함께 먹어도 좋다.

Tip 재료를 냉동시켰다가 사용해도 된다.

간단한 칠리 요리

여럿이 함께 즐길 수 있는 요리

재료

올리브 오일 1큰술
양파 1개
당근 1/2개
마늘 3쪽
피망 1개
붉은 피망 1개
셀러리 2대
고춧가루 1큰술(선택)
양송이버섯 6~8개
토마토소스 1캔(800g) 또는
껍질을 벗겨 자른 토마토 4개
강낭콩, 검은콩, *카넬리니 등
콩 통조림 2캔(800g)
옥수수 통조림 1캔(400g)
큐민가루 1큰술
드라이 오레가노
1 1/2작은술
드라이 바질 1 1/2작은술
소금·후춧가루 약간씩

만드는 법

1 양파, 당근, 피망, 셀러리는 적당한 크기로 썰고, 양송이버섯은 슬라이스하고, 마늘은 다진다.
2 소스팬에 기름을 두르고 중간 불 이상으로 달군다.
3 양파, 당근, 마늘을 넣어 재빠르게 볶는다.
4 피망, 셀러리, 고춧가루를 넣는다.
5 채소들이 부드러워질 때까지 5분간 볶는다.
6 양송이버섯을 넣고 5분간 더 볶는다.
7 토마토소스, 콩, 옥수수를 넣고 걸쭉해질 때까지 저어가며 끓인다.
8 큐민가루, 오레가노, 바질을 넣는다.
9 중간 불로 줄인 후 뚜껑을 덮고 가끔씩 저어가면서 약 20분간 더 끓인다.
10 기호에 따라 소금과 후춧가루를 뿌린다.

*카넬리니(Cannellini): 흰강낭콩 종류

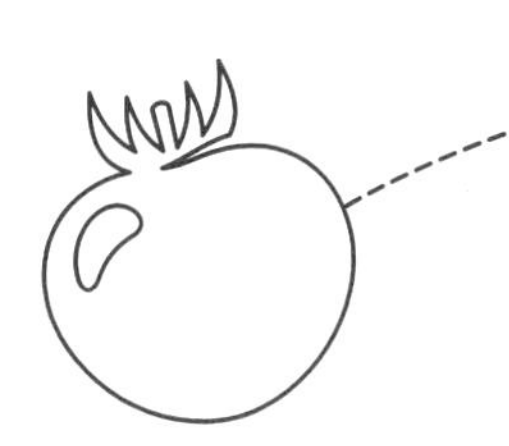

두부를 넣은 야키소바

아이들의 튼튼한 뼈를 위해
추천하는 메뉴

재료

메밀국수 1봉지(240g)
코코넛 오일 2큰술
두부 400g
마늘 2쪽
붉은 피망 1개
데리야키소스 8큰술
물 8큰술
익힌 풋콩(완두콩) 120g
쪽파 2뿌리

만드는 법

1 두부는 1.5cm로 깍둑썰기하고, 마늘은 다지고, 붉은 피망은 굵게 다지고, 쪽파는 어슷썬다.
2 설명서에 따라 메밀국수를 삶는다.
3 볶음용 팬이나 냄비에 코코넛 오일을 두르고 높은 온도로 달군다.
4 두부를 넣고 갈색으로 변할 때까지 5분간 볶는다.
5 마늘과 붉은 피망을 넣고 향이 날 때까지 1분간 재빠르게 볶는다.
6 ②의 국수를 넣고 골고루 잘 섞는다.
7 데리야키소스를 넣은 후 물을 부어 간이 배도록 잠시 둔다.
8 풋콩과 쪽파를 넣는다.
9 따뜻하게 차려 낸다.

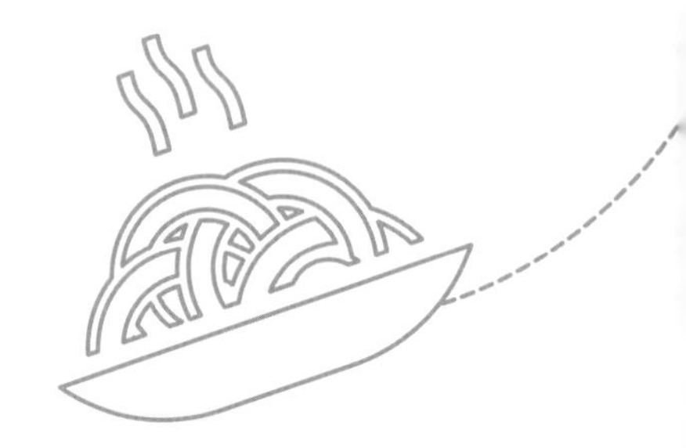

Tip

이 요리는 어린 청경채 또는 데친 브로콜리를 넣어도 맛있게 먹을 수 있다.

가지와 렌틸콩으로 만든 터키식 스튜

가지와 석류시럽을 넣은
향긋한 렌틸콩 스튜

재료

석류시럽

석류주스 1L
설탕 6큰술
레몬즙 4큰술

스튜

가지 2개(700g)
소금 약간
검은 렌틸콩 100g
물 적당량
양파 1개
마늘 4쪽
토마토 2개
잘게 썬 민트 잎 2큰술
토마토퓨레 1큰술
고춧가루 1/4작은술
석류알 85g
올리브 오일 5큰술

만드는 법

석류시럽

1 소스팬에 석류주스, 설탕, 레몬즙을 넣고 센 불로 설탕이 녹을 때까지 끓인다.
2 약한 불로 줄이고 뚜껑을 연 채 적당한 농도가 될 때까지 1시간 정도 졸인다(처음의 양에서 1/4 정도인 250mL가 적당하다).
3 설탕 또는 레몬즙을 더 넣어가며 맛을 조절한다.
4 ③을 병에 옮겨 담고 냉장 보관한다.

스튜

1 양파와 토마토는 적당한 크기로 썰고, 마늘은 다진다.
2 가지는 껍질을 세로로 길게 벗긴 후 4등분한다. 한쪽 면에 십자 모양으로 칼집을 내고 다시 3등분한 후 소금을 뿌리고 1시간 동안 절인다.
3 소스팬에 렌틸콩을 넣고 높이가 5cm 정도 되게 물을 부은 후 뚜껑을 덮어 끓인다. 끓기 시작하면 약한 불로 줄이고 콩이 부드러워질 때까지 15분간 더 끓인 후 체에 밭친다.
4 볼에 양파, 마늘, 토마토, 민트, 토마토퓨레, 고춧가루, 소금을 넣어 섞는다.
5 올리브 오일 1~2큰술을 둘러 큰 냄비를 코팅한다.
6 ②의 가지를 씻어 물기를 뺀다.
7 ⑤의 냄비에 ④의 채소류, 가지, 렌틸콩, 채소류, 가지, 렌틸콩 순으로 넣는다.
8 냄비 둘레와 채소 위로 올리브 오일을 붓는다.
9 만들어놓은 석류시럽 4큰술을 ⑧ 위에 고르게 뿌린다.
10 뚜껑을 덮고 가지가 물러질 때까지 1시간 30분 동안 스튜를 끓인다.

뜨겁게 또는 식은 상태로 먹어도 된다. **Tip**

밥 또는 쿠스쿠스와 샐러드를 곁들여도 좋다. 

시간이 부족하다면 가지를 먼저 익히는 과정은 생략해도 된다.

Tip

가지, 토마토, 병아리콩으로 만든 스튜

이탤리언 스타일의 맛있는 스튜

재료

올리브 오일 2큰술
가지(중간 크기) 2개
양파(큰 것) 1개
붉은 피망 1개
마늘 2쪽
드라이 오레가노 1작은술
잘게 썬 바질 1작은술
잘게 썬 민트 1작은술
토마토 6개
토마토퓨레 2~3큰술
병아리콩 2캔(800g)
설탕 1작은술
채소 육수 2~3컵
소금·후춧가루·고춧가루 약간씩

만드는 법

1 가지는 3cm 크기로 깍둑썰기하고, 양파는 적당한 크기로 썰고, 붉은 피망은 3cm 크기로 썬다. 마늘은 얇게 슬라이스하고, 토마토는 껍질을 벗겨 썰고, 병아리콩은 헹궈서 물기를 뺀다.
2 오븐 그릴을 예열한다.
3 가지 표면에 올리브 오일을 발라 황금색이 돌 때까지 오븐 그릴에 굽는다.
4 큰 소스팬에 올리브 오일 2큰술을 두르고 중간 불에서 달군다.
5 양파를 넣고 부드러워질 때까지 2~3분간 볶는다.
6 피망을 넣고 1~2분간 볶는다.
7 마늘을 넣어 향이 올라올 때까지 볶는다.
8 ⑦에 토마토, 토마토퓨레, 가지, 병아리콩, 설탕, 채소 육수를 넣는다.
9 뚜껑을 덮고 약한 불에서 모든 채소가 부드러워질 때까지 30분 이상 끓인다.
10 기호에 따라 소금, 후춧가루, 고춧가루를 뿌린다.
11 통밀 파스타, 밥 또는 퀴노아와 함께 차려 낸다.

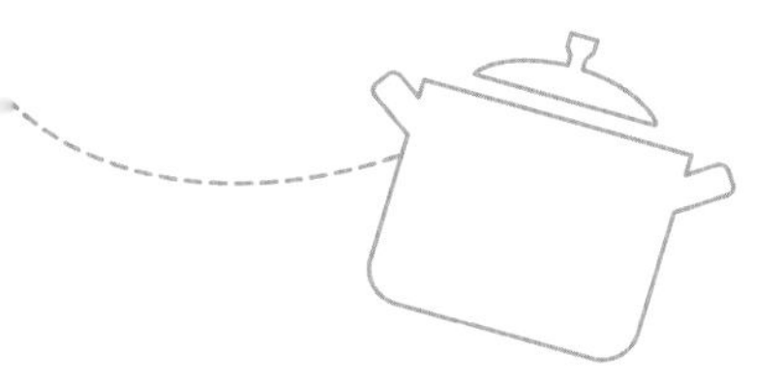

호두를 넣은 바질*페스토

영양덩어리 호두가 들어간 바질 페스토

Tip 색감을 좋게 하기 위해 올리브 오일을 살짝 뿌린다.

Tip 통밀 파스타, 익힌 채소와 함께 먹으면 좋고, 수프에 넣으면 맛과 향이 풍부해진다.

재료

볶은 호두 50g
마늘 3쪽
소금 $^{1}/_{2}$작은술
잘게 썬 바질 40g
잘게 썬 민트 5g
올리브 오일 4큰술
(기호에 따라 가감)

만드는 법

1 호두, 마늘, 소금을 블렌더에 넣고 간다.
2 바질과 민트를 넣는다.
3 ②가 부드러워질 때까지 올리브 오일을 조금씩 넣는다.
4 볼에 옮겨 담아 뚜껑을 덮어 냉장 보관한다.
5 기호에 따라 통밀 파스타 등을 준비해 바질 *페스토를 비벼 먹기 좋은 온도로 차려 낸다.

*페스토(Pesto): 바질을 빻아 만든 녹색 소스. 주로 파스타 요리에 활용한다.

페스토소스는 몇 주간 냉장 보관이 가능하다. Tip

라타투이

토마토 베이스의 걸쭉한 스튜

재료

올리브 오일 4큰술
양파(큰 것) 1개
적양파 1개
붉은 피망 1개
노랑 파프리카 1개
가지 1개
당근 1/2개
토마토 2개
마늘 2쪽
토마토소스 1캔(800g)
토마토퓨레 1큰술
잘게 썬 타임 1작은술
바질 잎 6장
소금·후춧가루 약간씩

만드는 법

1 양파, 적양파, 피망, 파프리카, 토마토, 바질 잎은 적당한 크기로 썬다. 가지는 껍질을 벗겨 한입 크기로 썰고, 당근은 동그랗게 자르고, 마늘은 다진다.
2 중간 불 이상에서 올리브 오일을 두르고 소스팬을 달군다.
3 양파를 넣고 부드러워질 때까지 2~3분간 볶는다.
4 가지, 피망, 파프리카, 당근, 토마토, 마늘을 넣고 마늘향이 날 때까지 2~3분간 볶는다.
5 ④에 토마토소스, 토마토퓨레, 타임, 바질을 섞는다.
6 뚜껑을 덮고 모든 채소가 부드러워질 때까지 가끔씩 저어가며 20분간 끓인다.
7 기호에 따라 소금과 후춧가루를 뿌린다.
8 통밀 파스타, 밥 또는 퀴노아와 함께 차려 낸다.

두부 타말레 캐서롤

한 끼 식사로 든든한
멕시코식 찜 요리

Tip 두부 채소 믹스는 미리 만들어두어도 된다.

Tip 매운맛을 원하면 고춧가루를 추가해도 좋다.

재료

두부 채소 믹스

올리브 오일 1큰술

두부 400g

양파 1개

붉은 피망 1개

토마토퓨레 225g

냉동 옥수수콘 350g

올리브 90g

마늘 4쪽

고운 고춧가루 2~3작은술

큐민 1작은술

소금 1/2작은술

고춧가루 1/4작은술

폴렌타

물 1L

소금 1작은술

폴렌타 200g

올리브 오일 1큰술

만드는 법

두부 채소 믹스

1 두부는 물에 한 번 헹군 후 키친타월로 물기를 제거한 다음 으깬다. 양파와 올리브는 적당한 크기로 썰고, 붉은 피망은 깍둑썰기하고, 마늘은 다진다.

2 큰 프라이팬에 올리브 오일 1큰술을 둘러 달군 후 두부, 양파, 붉은 피망을 넣고 두부가 갈색으로 변하고 채소가 부드러워질 때까지 볶는다.

3 토마토퓨레, 옥수수, 올리브, 마늘, 고운 고춧가루, 큐민, 소금, 고춧가루를 넣고 볶는다.

4 재료가 걸쭉해질 때까지 끓인다.

5 28X18cm 직사각형 오븐용기에 재료를 고르게 담는다.

폴렌타

1 분량의 물과 소금을 넣고 끓인다.

2 덩어리가 생기지 않도록 폴렌타를 섞은 후 불을 줄이고 걸쭉해질 때까지 저어가며 끓인다.

3 ②를 만들어놓은 두부 채소 믹스에 올리고 그 위를 올리브 오일로 코팅한다.

4 오븐을 190℃로 예열한 후 ③이 연한 갈색이 될 때까지 30~40분간 굽는다.

렌틸콩 셰퍼드 파이

매시트포테이토가 올라간 영국식 요리

Tip 신선한 샐러드와 곁들여도 좋다.

Tip 재료를 냉동시켰다가 사용해도 괜찮다.

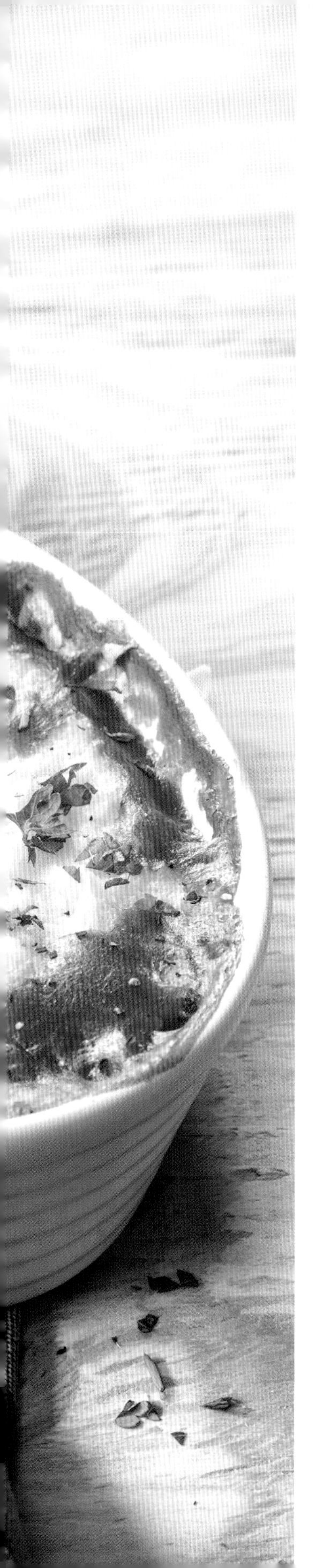

재료

렌틸콩 스튜

올리브 오일 3큰술
양파 2개
마늘 2~3쪽
양송이버섯 150g
당근 1개
렌틸콩 250g
토마토 650g
토마토퓨레 3큰술
허브(타임, 로즈메리 또는 월계수 잎, 선택) 약간
물 또는 채소 육수 400mL
옥수수가루 1큰술
물 4큰술

매시트포테이토

감자 1kg
콜리플라워(중간 크기) 500g
식물성 버터 80g
두유 2~3큰술(선택)
소금·후춧가루 약간씩

만드는 법

렌틸콩 스튜

1 양파·양송이버섯·당근·토마토는 적당한 크기로 썰고, 마늘은 으깨고, 렌틸콩은 물에 불린다.
2 소스팬에 올리브 오일 2큰술을 두르고 달군다.
3 양파를 넣고 빠르게 볶는다.
4 마늘, 양송이버섯을 넣고 5분간 볶는다.
5 당근, 렌틸콩, 토마토, 토마토퓨레와 허브를 넣고 잘 섞는다.
6 ⑤에 물 또는 채소 육수를 넣고 저어가며 끓이다가 불을 줄이고 뚜껑을 덮어 가끔씩 저어가면서 렌틸콩이 부드러워질 때까지 35~40분간 끓인다.
7 물 4큰술에 옥수수가루를 섞어 ⑥에 넣고 자주 저어가며 스튜가 걸쭉해질 때까지 끓인다.

매시트포테이토

1 감자는 껍질을 벗겨 삶는다.
2 콜리플라워는 부드러워질 때까지 끓는 물에 데쳐서 물기를 뺀다.
3 볼에 감자, 콜리플라워, 식물성 버터를 넣고 부드러워질 때까지 으깬다. 필요한 경우 두유나 콜리플라워 데친 물을 추가한다.
4 소금과 후춧가루를 기호에 따라 뿌린다.
5 렌틸콩 스튜에 매시트포테이토를 올려 차려 낸다.

식은 후 두유 요거트와 함께 먹어도 된다.
딜(허브)을 고명으로 사용해도 좋다.

Tip

터키식 렌틸콩과 당근 요리

달콤하고 향긋한 터키식 렌틸콩 요리

재료

검은 렌틸콩 200g
물 750mL+2큰술
올리브 오일 2큰술
양파(큰 것) 1개
마늘 1쪽
토마토퓨레 3큰술
고춧가루 1/2작은술
당근 1 2/3개
후춧가루 1/4작은술
소금 1작은술
딜(선택)
후춧가루 약간

만드는 법

1 양파와 당근은 얇게 썰고, 마늘은 다진다.
2 큰 소스팬에 렌틸콩과 물 750mL를 넣고 끓인다.
3 불을 줄여서 뚜껑을 덮고 렌틸콩이 물러질 때까지 20분간 끓인다.
4 렌틸콩을 끓이는 동안 다른 팬에 올리브 오일을 두르고 달군다.
5 양파를 넣고 노릇해지도록 볶는다.
6 마늘을 넣고 향이 날 때까지 1분간 볶는다.
7 토마토퓨레, 고춧가루를 넣고 섞는다.
8 당근, 물 2큰술, 소금을 넣고 잘 어우러지도록 볶은 다음 불에서 내려 5분간 상온에 둔다.
9 렌틸콩이 익으면 뚜껑을 열고 ⑧을 넣고 섞는다.
10 물이 졸아들고 당근이 부드러워질 때까지 센 불로 2분간 끓인다.
11 기호에 따라 소금과 후춧가루를 뿌린다.
12 불에서 내려 밥 위에 얹어 차려 낸다.

달콤한 고구마 요리

케일과 두부를 곁들인 건강 메뉴

재료

고구마(중간 크기) 3개
올리브 오일 1큰술
두부 400g
토마토 통조림 1캔(500mL)
카레가루 1작은술(기호에 따라 추가 가능)
큐민가루 1작은술
계핏가루 1/2작은술
물 125mL
고춧가루 약간
케일, 시금치 또는 *루콜라 450g
잘게 썬 고수 또는 이탈리언 파슬리 15~25g

만드는 법

1 두부는 1cm로 깍둑썰기한다.
2 오븐이나 전자레인지에 고구마를 익힌다.
3 익은 고구마를 한입 크기로 깍둑썰기한다.
4 깊은 팬에 올리브 오일을 두르고 달군 후 중간 불 이상에서 두부가 갈색이 될 때까지 익힌다.
5 고구마, 토마토, 카레가루, 큐민가루, 계핏가루, 고춧가루를 함께 넣어 볶는다.
6 물을 붓고 뚜껑을 덮어 10분간 끓인다.
7 ⑥에 케일, 시금치 또는 루콜라를 넣고 뚜껑을 덮어 익힌다.
8 기호에 따라 간한다.
9 고수 또는 이탈리언 파슬리를 올려 차려 낸다.

*루콜라(Rucola): 맛이 고소하고 톡 쏘는 향이 특징인 샐러드용 채소. 시금치 등 다른 샐러드 채소로 대체 가능하다.

이 요리는 밥, 쿠스쿠스, 퀴노아, 빵 등과 함께 먹으면 좋다. Tip

토마토 샐러드를 함께 곁들여도 좋다. Tip

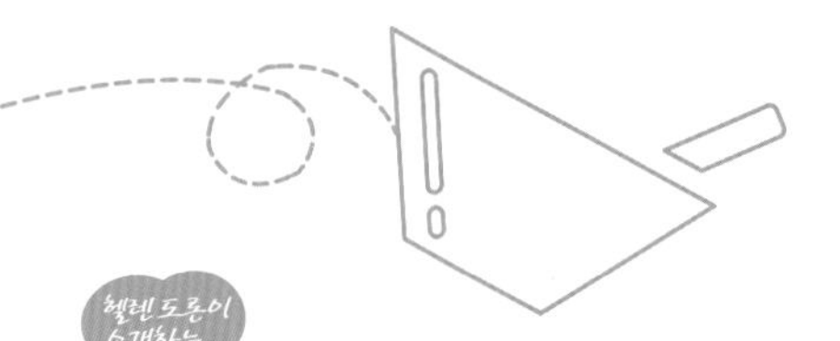

Tip 익힌 고구마는 미리 준비해놓아도 된다.

콩으로 만든 멕시칸 랩

토르티야에 콩과 아보카도를 넣어
싸 먹는 요리

Tip 요리 후 남은 콩은 냉동했다가
다시 사용해도 된다.

재료

올리브 오일 1큰술
양파(큰 것) 120g
양송이버섯 80g
토마토 800g
호박 160g
당근 2/3개
냉동 완두콩 120g
케일 또는 배추 160g
브로콜리 80g
마늘 3쪽
스위트 파프리카가루 3작은술
냉동 옥수수콘 80g
강낭콩 240g
검은콩 80g
그린올리브 120g
붉은 피망 1개
넛맥 1/2작은술
아보카도(중간 크기) 2 1/2개
레몬즙(반개 분량)
통밀 토르티야 12장

만드는 법

1 양파·양송이버섯·토마토·호박·당근·붉은 피망은 적당한 크기로 썬다. 완두콩·옥수수콘은 해동하고, 강낭콩· 검은콩은 물에 불린다. 케일 또는 배추는 채썰고, 그린 올리브는 씨를 빼고 곱게 다진다.

2 팬에 올리브 오일을 두르고 달군 후 양파를 넣고 부드러워질 때까지 볶는다.

3 양송이버섯을 넣어 빠르게 볶는다.

4 토마토, 호박, 당근, 완두콩, 케일 또는 배추, 브로콜리, 마늘, 스위트 파프리카가루를 넣고 재료가 부드러워질 때까지 6분간 볶는다.

5 ④를 불에서 내린 후 부드러워질 때까지 간다.

6 ⑤의 소스에 옥수수콘, 강낭콩, 검은콩, 그린올리브, 붉은 피망을 넣고 불에 올린 후 10분간 끓인다.

7 아보카도는 슬라이스한다. 이때 갈변을 방지하기 위해 아보카도에 레몬즙을 뿌린다.

8 ⑥과 토르티야, 슬라이스한 아보카도를 함께 차려 낸다.

유아들에게는 밥과 카레를 한그릇에 섞어 차려낸다. Tip

페르시안 채소 카레

밥과 함께 먹는 페르시안 스타일 카레

재료

밥

쌀 300g
물 또는
채소 육수 600mL

카레

렌틸콩 240g
물 또는 채소 육수 1L
강황가루 1큰술
호박 80g
당근 $^{1}/_{2}$개
콜리플라워 240g
가지 120g
양송이버섯 50g
적양파(중간 크기) 1개
마늘 2쪽
코코넛 크림 50g
건포도 80g
아몬드가루 40g
생강가루 약간(선택)

만드는 법

밥

1 불린 쌀에 물 또는 채소 육수를 넣어 끓인다.
2 뚜껑을 덮은 상태에서 불을 줄이고 밥을 짓는다.

카레

1 렌틸콩은 불리고, 호박·당근·콜리플라워·가지·양송이버섯·적양파는 적당한 크기로 썰고, 마늘은 다진다.
2 냄비에 물 또는 채소 육수를 붓고 뚜껑을 덮어 약한 불로 30분간 끓인다.
3 재료를 모두 넣고 뚜껑을 덮어 중간에 저어가며 30분 더 끓인다.
4 밥과 ③의 카레를 함께 차려 낸다.

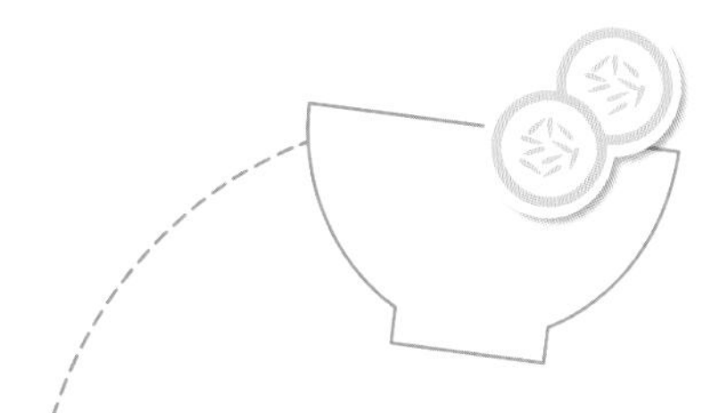

프리마베라 파스타

가볍게 먹기 좋고 식감도 좋은
영양 가득 파스타!

Tip 따뜻하게도, 차게도 먹을 수 있다.

Tip 이 요리는 롤빵, 샐러드와 함께 먹으면 좋다.

재료

파스타와 채소
적양파(작은 것) 1개
붉은 피망 1개
파르펠레 파스타 1봉지(340g)
브로콜리 1송이
당근 2/3개
그린올리브 90g

드레싱
레몬즙 2개 분량
레몬제스트 1/2작은술
메이플시럽 또는 아가베시럽 2작은술
타히니소스 3큰술
올리브 오일 2큰술
마늘가루 1/4작은술
간 통후추 1/4작은술
고춧가루 1/4작은술
소금 1/2작은술

아보카도 시금치 호두 페스토
호두 65g
아보카도 1개
따뜻한 물 80~120mL
다진 마늘 1/2작은술
시금치 100g
소금 약간

만드는 법

1 적양파·붉은 피망, 당근은 깍둑썰기하고, 브로콜리는 먹기 좋게 슬라이스한다.
2 큰 소스팬에 물과 소금을 넣고 끓인 후 파스타를 삶는다.
3 프라이팬에 양파와 피망을 넣어 부드러워질 때까지 볶는다.
4 작은 소스팬에 브로콜리와 당근을 넣어 데친 후 찬물에 헹궈 물기를 뺀다.
5 작은 볼에 타히니소스를 제외한 나머지 드레싱 재료를 넣어 섞는다.
6 큰 볼에 준비된 파스타와 채소를 넣어 섞는다.
7 ⑥에 타히니소스를 섞는다.

아보카도 시금치 호두 페스토
1 모든 재료를 블렌더에 넣고 부드러워질 때까지 간다.
2 필요시 물과 소금을 추가한다.
3 페스토를 파스타에 곁들여 낸다.

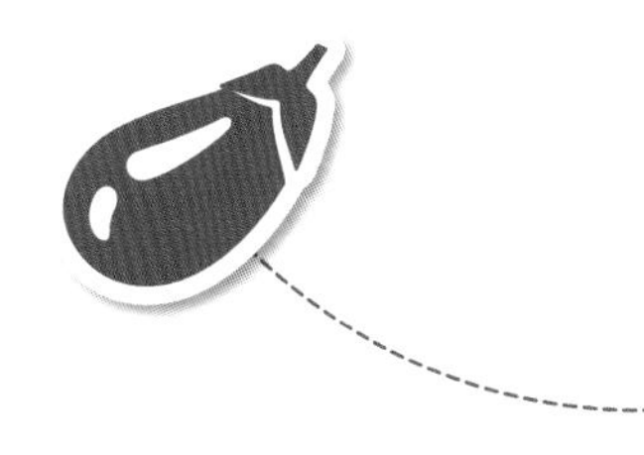

사이드 디시

치아시드 옥수수빵

치아시드로 빚어낸 맛과 질감이 환상적인 요리

또는 머핀 6개 분량

재료

*치아시드 3큰술
물 125mL
아몬드 밀크, 두유, 라이스 밀크 등 비유제품 우유 250mL
사과식초 1작은술 또는 레몬즙(반개 분량)
통밀가루 140g
폴렌타 150g
설탕 80g
베이킹파우더 1큰술
소금 1/2작은술
코코넛 오일 60mL

만드는 법

1 20cm 정사각형 팬이나 머핀팬 또는 컵케이크 틀에 오일을 바르고 한쪽에 둔다. 오븐은 정사각형 팬을 사용할 경우 220℃로, 머핀팬을 사용할 경우 180℃로 예열한다.
2 치아시드를 물에 담가 10분간 불려 말랑말랑한 젤 형태가 되도록 만든다.
3 레몬즙 또는 사과식초에 비유제품 우유를 넣어 5분간 엉겨붙도록 놓아둔다.
4 중간 크기의 볼에 건조한 재료를 넣고 혼합한다. 코코넛 오일과 엉겨붙은 우유, 불린 치아시드를 함께 넣고 덩어리가 없게 잘 섞는다.
5 반죽을 준비된 팬에 붓고 20~25분간 오븐에서 굽는다. 젓가락으로 찔렀다가 뺐을 때 재료가 묻어나오지 않을 때까지 굽는다. 머핀으로 만들 경우 15~20분만 굽는다.

* 치아시드(Chia Seed): 허브 치아(Chia)의 씨앗. 주로 물 또는 우유에 불려 마시거나 시리얼, 샐러드 등에 넣어 먹는다.

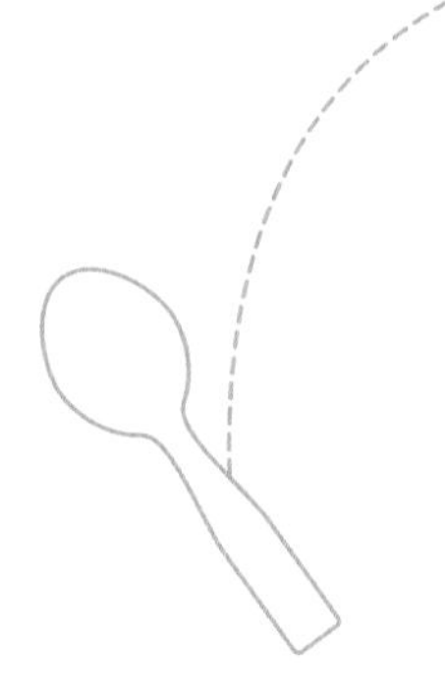

Tip 칠리와 함께 먹으면 더욱 맛있다.

★★★★★

함유 영양소

단백질, 항산화성분, 오메가3, 철분

Tip 퀴노아가 죽이 되지 않도록 조리 시간을 잘 지키는 것이 중요하다.

아즈텍 퀴노아

놀라운 맛을 선사하는 아즈텍 전통 요리

재료

퀴노아 400g
채소 육수 400mL
코코넛 오일 1큰술
붉은 피망 1개
노랑 파프리카 1개
냉동 완두콩 115g
말린 크랜베리 또는 체리 80g
팥 150g
쪽파 1뿌리
적양파(중간 크기) 1개
김가루 2큰술(선택)
아보카도(큰 것) 2개
레몬주스 1작은술
라임 2개
헤이즐넛 한 줌 또는
케이퍼 약간(선택)

만드는 법

1 피망과 파프리카는 잘게 썰고, 냉동 완두콩은 해동한다. 팥은 삶은 후 물기를 제거하고, 적양파는 잘게 썰고, 쪽파와 헤이즐넛은 다지고 라임은 조각낸다.

2 퀴노아를 채소 육수에 넣고 10분간 살짝 끓인 후 퀴노아에 육수가 잘 배어들도록 10분간 더 놓아둔다.

3 오븐을 180℃로 예열한다.

4 코코넛 오일, 피망, 파프리카, 완두콩, 크랜베리, 팥, 쪽파를 ②의 퀴노아와 함께 잘 섞는다.

5 캐서롤 냄비에 ④의 재료를 고루 펴서 올린 후 적양파를 위에 뿌리고 적양파가 갈색이 될 때까지 15분간 오븐에서 굽는다.

6 오븐에서 냄비를 꺼낸 후 김가루를 뿌린다.

7 아보카도는 껍질을 벗겨 10조각으로 썰고 레몬주스를 뿌려 갈변을 예방한다.

9 각각의 접시에 요리된 퀴노아, 아보카도 2조각, 라임 1조각을 올리고 헤이즐넛 또는 케이퍼를 뿌린다.

Tip 따뜻한 사이드 디시 또는 신선한 샐러드와 함께 메인 요리로 사용해도 좋다.

중동의 맛, 무자다라

향신료를 곁들인 밥과 렌틸콩, 노릇하게 구운 양파가 조화를 이룬 요리

재료

소금 1 1/2작은술
양파(큰 것) 1개
올리브 오일 적당량
쌀 1컵
검은 렌틸콩 1컵
물 적당량
올스파이스가루 1작은술
큐민 1/2작은술
드라이 고수 1/4작은술
계핏가루 1/4작은술
카다몸가루 1/4작은술

만드는 법

1 큰 냄비에 올리브 오일을 두르고 얇게 썬 양파를 넣어 갈색이 될 때까지 중간 불에 4분간 볶은 후 한쪽에 둔다.
2 중간 크기의 볼에 쌀을 넣고 3~4회 씻은 후 10~15분간 물에 담가둔다.
3 렌틸콩은 씻은 후 큰 냄비에 넣고 렌틸콩 위로 3~4cm 높이가 될 때까지 물을 붓는다.
4 렌틸콩이 부드러워질 때까지 약한 불로 10~15분간 끓인다.
5 ④에 물을 뺀 후 쌀, 소금, 향신료를 넣고 쌀 위로 1~2cm 높이가 될 때까지 물을 붓는다.
6 쌀이 물을 흡수할 때까지 약한 불로 15분간 끓인다.
7 밥을 골고루 섞어 그릇에 담은 후 ①의 양파를 올린다.

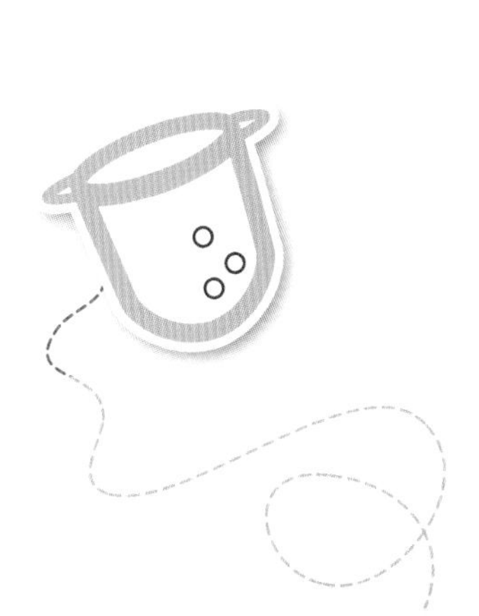

토마토소스 콩 요리

어떤 메인 요리와도 잘 어울리는 사이드 디시

재료

올리브 오일 2큰술
양파(큰 것) 1개
마늘 2쪽
토마토 4개
껍질콩 1kg
월계수 잎 1장
레몬주스 2큰술
훈제한 파프리카가루 1/2작은술
스위트 파프리카가루 1/2작은술
소금 1/4~ 1/2작은술
설탕 1작은술

만드는 법

1 양파는 반달 모양으로 얇게 썰고, 마늘은 얇게 저미고, 토마토는 데친 후 잘게 썰고, 껍질콩은 잘 씻어서 큰 것은 먹기 좋은 크기로 썬다.
2 큰 냄비에 올리브 오일을 두르고 중간 불에서 달군 후 양파를 넣고 노릇해질 때까지 5분간 볶는다.
3 마늘을 추가로 넣은 후 1분간 더 볶는다.
4 토마토, 껍질콩, 나머지 재료를 넣는다.
5 뚜껑을 덮고 껍질콩이 부드러워질 때까지 20분간 끓인다.
6 그릇에 담기 전 월계수 잎을 제거한다.
7 따뜻한 상태로 차려 낸다.

허브를 올린 구운 감자

맛과 색감이 조화로운 고구마와
감자 요리

재료

감자 6개
고구마 2~3개
올리브 오일 3큰술
마늘가루 1작은술
훈제 파프리카가루 1작은술
소금 1작은술
잘게 썬 로즈메리 1큰술
잘게 썬 타임 1큰술
후춧가루 약간

만드는 법

1 감자와 고구마는 얇게 썬다.
2 오븐을 200℃로 예열한다.
3 중간 크기의 볼에 올리브 오일, 마늘가루, 훈제 파프리카가루, 소금, 로즈메리, 타임을 넣고 섞는다.
4 감자와 고구마를 넣고 잘 버무린다.
5 ④를 오븐팬 에 깐다.
6 ⑤를 오븐에 넣어 먹음직스러운 갈색이 될 때까지 35~45분간 굽는다.
7 따뜻한 상태로 차려 낸다.

Tip 나중에 먹을 수 있도록 냉동 보관한다.

Tip 구운 파프리카는 파스타소스 또는 살사소스, 신선한 바질과 올리브 오일을 곁들인 소스와 빵을 같이 먹을 수 있는 브루스케타 토핑용으로 이용하면 좋다.

구운 파프리카

파프리카의 풍미를 만끽할 수 있는 요리

재료

파프리카(여러 가지 색으로 준비) 6개
올리브 오일 적당량
다진 마늘 2쪽 분량

만드는 법

1 오븐을 200℃로 예열한다.
2 포일을 깐 오븐팬에 파프리카를 올린다.
3 ②의 파프리카를 오븐에 넣어 껍질이 까맣게 될 때까지 20분간 굽는다. 집게로 파프리카를 뒤집어준 후 20분간 더 굽는다. 파프리카 껍질이 까맣게 그을리고 약간 흐물거릴 때까지 굽는다.
4 파프리카를 꺼낸 후 도마에 올려놓는다.
5 오목한 그릇으로 파프리카를 덮고 15분간 놓아둔다.
6 파프리카 꼭지를 제거한 후 위에서부터 반으로 자른다.
7 파프리카 씨를 제거하고 껍질을 벗긴다.
8 파프리카를 슬라이스해 그릇에 담는다.
9 ⑧의 파프리카에 올리브 오일을 약간 뿌리고 다진 마늘을 조금 올린다.

Tip 파프리카는 익히면 단맛이 배가되므로 아이들이 좋아한다.

사천식 껍질콩 요리

중국식 채소 요리

재료

껍질콩 1봉지
간장 3큰술
참기름 1큰술
식초 1큰술
아가베시럽 1큰술
올리브 오일 2큰술
다진 마늘 3쪽 분량
생강가루 1/2작은술
고춧가루 약간

만드는 법

1 작은 볼에 간장, 참기름, 식초, 아가베시럽을 넣고 간장소스를 만들어 한쪽에 둔다.
2 껍질콩이 연해질 때까지 끓는 물에 데친다.
3 데친 껍질콩은 찬물에 헹군 후 물기가 빠질 때까지 한쪽에 둔다.
4 큰 냄비에 올리브 오일과 껍질콩을 넣고 중간 불에서 60초간 볶은 후 다진 마늘, 생강가루, 고춧가루를 넣고 30초간 더 볶는다.
5 ①의 간장소스를 넣고 껍질콩이 소스와 잘 어우러지도록 30초간 더 볶는다.
6 따뜻한 상태로 차려 낸다.

시금치 키시

쉽고, 간단하게 만들 수 있는 키시

재료

올리브 오일 1큰술
양파(작은 것) 1개
마늘 2쪽
두부 400g
강황가루 1/2작은술
소금 1/2작은술
이스트 1 1/2큰술(선택)
옥수수가루 4큰술
디종 머스터드 1 1/2큰술
레몬주스 1큰술
고춧가루 1/4작은술
시금치 450~600g

만드는 법

1 양파와 마늘은 다지고, 시금치는 잘게 썬다.
2 중간 불로 달군 프라이팬에 올리브 오일을 두르고 다진 양파를 넣고 투명해질 때까지 볶는다.
3 약한 불로 줄인 후 다진 마늘을 넣고 마늘향이 올라올 때까지 1분간 볶는다.
4 오븐을 180℃로 예열한다.
5 얕은 파이팬(20cm)에 올리브 오일을 바르고 한쪽에 둔다.
6 블렌더에 시금치를 제외한 양파, 마늘, 나머지 재료를 넣고 잘 섞는다.
7 시금치와 ⑥의 재료를 넣고 잘 섞어서 반죽을 만든다.
8 ⑦의 반죽을 파이팬에 부은 후 주걱으로 눌러 평평하게 만든다.
9 오븐에 ⑧을 넣어 중앙이 단단해지고 황금빛이 돌 때까지 30~40분간 굽는다.
10 오븐에서 꺼낸 후 10분간 식힌다.
11 먹기 좋게 조각을 내 따뜻한 상태로 차려 낸다.

태국식 파인애플 볶음밥

새콤달콤 영양 만점의 훌륭한 한 끼

재료

코코넛 오일 2큰술
마늘 3쪽
쪽파 2뿌리
냉동 완두콩 40g
건포도 1/4컵
조각 파인애플 140g
고춧가루 1/4~1작은술
밥 2공기
간장 2~3큰술
구운 캐슈너트 36g
부침용 두부 350g(선택)

만드는 법

1 완두콩은 해동한다. 쪽파는 송송 썰고, 건포도는 뜨거운 물에 불리고, 마늘은 다진다.
2 냄비에 기름을 두르고 마늘을 넣어 향이 날 때까지 볶는다.
3 쪽파, 완두콩, 건포도를 넣은 후 2분간 중간 불에 재빨리 볶는다 .
4 나머지 재료를 넣고 2분간 중간 불에 잘 볶는다.
5 캐슈너트를 고명으로 얹는다.

구운 두부를 첨가할 경우

1 오븐을 180℃로 예열한다.
2 두부를 찬물로 헹군 후 키친타월로 물기를 제거한다.
3 두부를 2~3cm의 큐브 모양으로 자르고 깔아놓은 유산지에 올린다.
4 ③을 오븐에 넣어 노릇해질 때까지 10분마다 뒤집으면서 20~30분간 굽는다.
5 오븐에서 꺼내 볶음밥을 추가해 버무린다.

Tip 두부를 더하면 메인 요리로도 손색이 없다.

Tip 고구마를 굽는 동안 중간중간 뒤집어주면 고르게 익힐 수 있다.

Tip 이 요리는 시금치, 두부와 잘 어울린다.

고구마 오븐 구이

달콤하고 먹기 편한 최고의 맛

재료

호박고구마 3~4개
오렌지제스트 1작은술
계핏가루 1/2 ~1작은술
넛맥 1/4작은술
생강가루 1/4작은술
올스파이스가루 1/8작은술
메이플시럽 2큰술
코코넛 오일 1큰술
타히니 약간(선택)

만드는 법 1

1 오븐을 200℃로 예열한다.
2 고구마를 오븐 선반 위에 바로 올린다(구멍을 내지 말고 굽는다). 40~50분간 걸리는데, 조리 시간은 고구마 크기에 따라 달라질 수 있다.
3 다 익으면 오븐에서 고구마를 꺼내 세로로 반 자른다.
4 완성된 그대로 즐기거나 타히니를 곁들여 먹는다.

만드는 법 2

1 위의 만드는 법 1에서 3단계 과정까지 따른다.
2 고구마 속을 모두 파낸 후 볼에 넣는다.
3 나머지 재료를 볼에 모두 넣고 포크로 으깬다(타히니는 제외).
4 따뜻한 상태로 차려 낸다.

시금치 팬케이크

건강에 좋은 진녹색 채소를 즐길 수 있는 메뉴

재료

팬케이크
시금치 225g
양파(작은 것) 1개
소금 1/2작은술
밀가루 180g
물 125~250mL
올리브 오일 적당량

디핑소스
간장 2큰술
레몬주스 1큰술
볶은 참깨(선택)

만드는 법

1 시금치는 씻어서 먹기 좋은 크기로 썰고, 양파는 잘게 썬다.
2 큰 볼에 시금치, 양파, 소금, 밀가루를 넣고 섞는다.
3 물 125mL를 붓고 숟가락으로 섞는다.
4 원하는 농도가 될 때까지 물을 더 붓는다.
5 프라이팬에 올리브 오일 1큰술을 두르고 중간 불로 달군다.
6 ④의 반죽을 한 국자 넣고 3분간 익힌다. 뒤집어서 노릇노릇하게 익힌다. 필요시 올리브 오일을 추가해도 된다.
7 디핑소스 재료를 섞는다.
8 ⑥을 디핑소스와 함께 따뜻한 상태로 차려 낸다.

시금치와 잣을 곁들인 흰강낭콩 요리

고단백 사이드 디시

재료

올리브 오일 2큰술
잣 2큰술
마늘 1쪽
흰강낭콩 1캔
(또는 마른 콩 120g)
붉은 피망 1개
시금치(또는 진녹색 잎채소)
2컵
굵은소금 약간
바질 잎 15장
레몬제스트 1큰술
후춧가루 약간

만드는 법

1 마늘은 얇게 썰고, 붉은 피망은 깍둑썰기하고, 바질 잎은 잘게 썬다. 흰강낭콩은 물에 헹군다.
2 큰 팬에 올리브 오일을 두르고 중간 불로 달군다.
3 마늘과 잣을 넣고 잣이 노릇해지고 마늘향이 날 때까지 1~2분간 볶는다.
4 콩과 피망을 넣고 1분간 볶는다.
5 시금치는 소금을 함께 넣고 살짝 볶는다.
6 식힌 후 바질, 레몬제스트를 섞는다. 기호에 따라 후춧가루를 뿌린다.
7 따뜻한 상태로 차려 낸다.

스낵

Tip 랩에 잘 포장한 그래놀라바는 상온에서 2주까지 보관 가능하다.

Tip 말린 과일 대신 다크초콜릿을 사용해도 좋다.

아마씨 그래놀라바

오메가3가 충분히 함유된, 만들기 쉬운 스낵

재료

압착 귀리 165g
통밀가루 50g
설탕 90g
소금 1/2작은술
계핏가루 1/2작은술
아마씨 40g
다진 아몬드 또는
호두 60g
크랜베리·건포도·살구 등
말린 과일 90g
생타히니 5큰술
대추야자시럽 4큰술
코코넛 오일 4큰술
물 1~2큰술

만드는 법

1 오븐을 180℃로 예열한다.
2 얇게 오일을 바른 28x18cm 오븐팬에 유산지를 깐다.
3 큰 볼에 귀리, 통밀가루, 설탕, 소금, 계핏가루, 아마씨, 견과류, 말린 과일을 넣어 섞는다.
4 다른 볼에 타히니, 대추야자시럽, 코코넛 오일, 물을 함께 넣어 섞는다.
5 ③, ④의 재료가 충분히 어우러지도록 섞는다.
6 팬에 ⑤를 고르게 펴 담고 단단히 누른다.
7 갈색이 될 때까지 20분간 오븐에서 구운 후 식힌다.
8 ⑦을 12등분해 자른다.

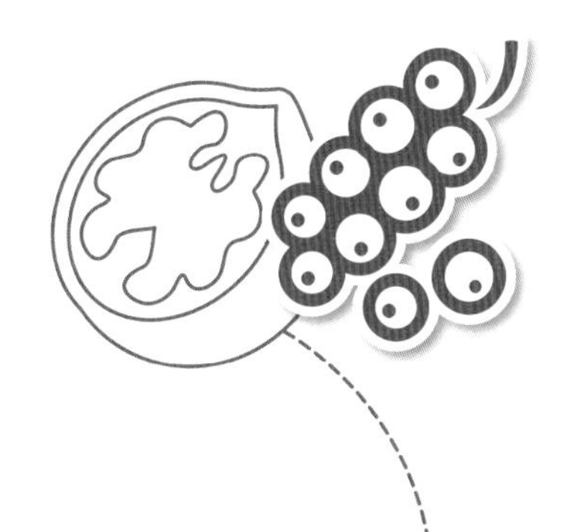

완두콩 파테

세상에 하나뿐인 완두콩 파테

소요 시간 10분

재료

완두콩 360g
잘게 썬 민트 잎 10g
타히니 1큰술
레몬주스 1큰술
다진 마늘 1쪽 분량
채소 스톡 1작은술
후춧가루 약간
두유 요거트 3큰술

만드는 법

1 두유 요거트를 제외한 나머지 재료를 볼에 넣어 섞고 블렌더로 간 후 두유 요거트를 섞어 부드럽게 만든다.
2 빵, 크래커 또는 오이, 피망, 당근 같은 채소 스틱과 함께 낸다.

Tip 오전 오후 간식으로 좋다. 아이들은 찍어 먹는 재미에 채소 스틱을 잘 먹게 된다.

팬케이크

온 식구가 좋아하는 주말 브런치 메뉴

재료

밀가루 130g
베이킹파우더 1큰술
설탕 3큰술(기호에 따라 가감)
소금 약간
아몬드 밀크, 두유, 코코넛 밀크 등 비유제품 우유 240mL
코코넛 오일 1큰술
식초 1큰술
계핏가루 1작은술
코코넛 오일(부침용) 적당량
메이플시럽, 베리류, 잘게 부순 피칸 또는 호두(선택)

만드는 법

1 큰 볼에 밀가루, 베이킹파우더, 설탕, 소금을 넣어 섞는다.
2 중간 볼에 비유제품 우유, 코코넛 오일, 식초, 계핏가루를 넣어 섞는다.
3 ①과 ②의 재료를 함께 얼른 섞는다.
4 그리들이나 팬에 코코넛 오일을 넣고 중간 불로 녹인다.
5 ④에 ③을 적당량(원하는 크기로) 올리고 기포가 생길 때까지 굽는다.
6 뒤집어 반대쪽도 1~2분간 굽는다.
7 메이플시럽, 베리류 또는 기호에 따른 토핑을 올리고 차려 낸다.

구운 병아리콩

바삭바삭, 영양가 있는 간식

재료

익힌 병아리콩 3컵 또는 통조림 병아리콩 2캔(500g)
올리브 오일 4큰술
소금 약간

만드는 법

1 통조림 병아리콩은 찬물에 헹궈 키친타월로 가볍게 두드려 물기를 제거한다.
2 오븐을 200℃로 예열한다.
3 올리브 오일에 병아리콩을 굴린 후 오븐팬에 얇게 펼친다.
4 소금을 뿌린다.
5 ④를 오븐에 넣고 가끔씩 뒤적이면서 20분간 먹음직스러운 갈색이 될 때까지 굽는다.
6 오븐에서 병아리콩을 꺼낸 후 식힌다.
7 밀폐용기에 담아 상온에 보관한다.

Tip

더 예쁘게 색을 내려면, 오븐에 넣기 전 솔을 이용해 Eggless Wash(에그리스 워시)를 빵 반죽 위에 발라준다. 위에 깨를 뿌려 구워도 좋다.
– Eggless Wash: 두유 1큰술, 설탕 1큰술, 유기농 포도씨유 1큰술

달콤 통밀빵

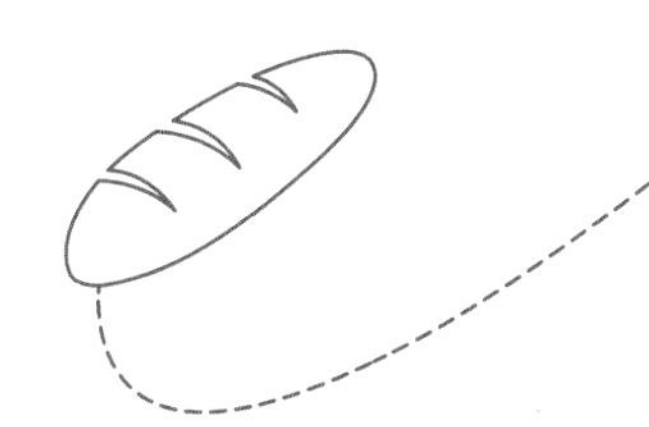

맛있고 건강한 홈메이드 빵

재료

드라이 이스트 2큰술
밀가루 375~500g
설탕 75g
따뜻한 물 415mL
포도씨유 125mL
대추야자시럽 120mL
통밀가루 370g
소금 3 1/4작은술
오일 적당량(바르는 용도)

만드는 법

1 큰 볼에 이스트, 밀가루 190g, 설탕을 넣어 섞는다.
2 작은 볼에 따뜻한 물, 포도씨유, 대추야자시럽을 넣어 섞은 후 ①의 볼에 붓고 잘 젓는다.
3 ②에 통밀가루와 소금을 넣고 한 덩어리가 될 때까지 저어 수분을 흡수하도록 10분간 뚜껑을 덮는다.
4 남은 밀가루를 ③에 모두 넣고 탄력이 있는 반죽을 만든다.
5 오일을 바른 볼에 동그랗게 만든 ④의 반죽을 넣은 후 면포를 덮어 반죽이 두 배로 부풀어오를 때까지 40~90분간 따뜻한 곳에 놓아 1차 발효를 시킨다.
6 오븐을 180℃로 예열한다.
7 ⑤의 반죽을 2개로 나눈다. 각 반죽 덩어리를 또다시 3개씩 나누어 각각 밀어 길게 만든다. 길게 만든 반죽 3개를 땋아 유산지를 깐 베이킹팬에 올린다. 나머지 한 덩어리도 똑같이 반복한다.
8 약간 부풀어오를 때까지 면포를 덮어 2차 발효를 시킨다.
9 먹음직스러운 갈색이 될 때까지 30~35분간 오븐에서 굽는다.

시트러스향의 풋콩

오렌지향이 가미된 새로운 한입 간식

재료

참기름 1큰술
껍질 벗겨 익힌 풋콩 2컵
(300g, 깍지째인 콩은 약 4컵)
오렌지주스 1큰술
설탕 1작은술
간장 1큰술
오렌지제스트 약간
고춧가루 1/4작은술(선택)

만드는 법

1 풋콩, 오렌지주스, 설탕, 간장을 냄비에 넣는다.
2 뚜껑을 덮고 풋콩이 익을 때까지 2~3분간 끓인다.
3 뚜껑을 열고 수분이 없어질 때까지 센 불에서 3분간 더 끓인다.
4 오렌지제스트를 넣고 저은 후 고춧가루를 뿌리고 따뜻한 상태로 차려 낸다.

Do Try
One!

Tip 밀폐용기에 넣어 보관한다.

오트밀 살구 비스킷

부드럽고 달콤한 맛이 일품인 건강 스낵

비스킷 작은 것

재료

잘게 다진 말린 살구 160g
물 150mL
코코넛 오일 40g
아몬드가루 40g
압착 귀리 160g
포피시드(양귀비씨) 1큰술
(10g, 선택)

만드는 법

1 오븐을 180℃로 예열한다.
2 물과 살구를 냄비에 넣은 후 살구가 물을 흡수할 때까지 10분간 끓인다.
3 코코넛 오일을 넣어 잘 섞는다.
4 아몬드가루, 귀리, 포피시드를 넣고 잘 섞는다.
5 오일을 바른 20cm 정사각형 팬에 ④의 반죽을 올린 후 오븐에서 20분간 굽는다.
6 다 구운 비스킷은 한김 식혀 16조각으로 자른다.

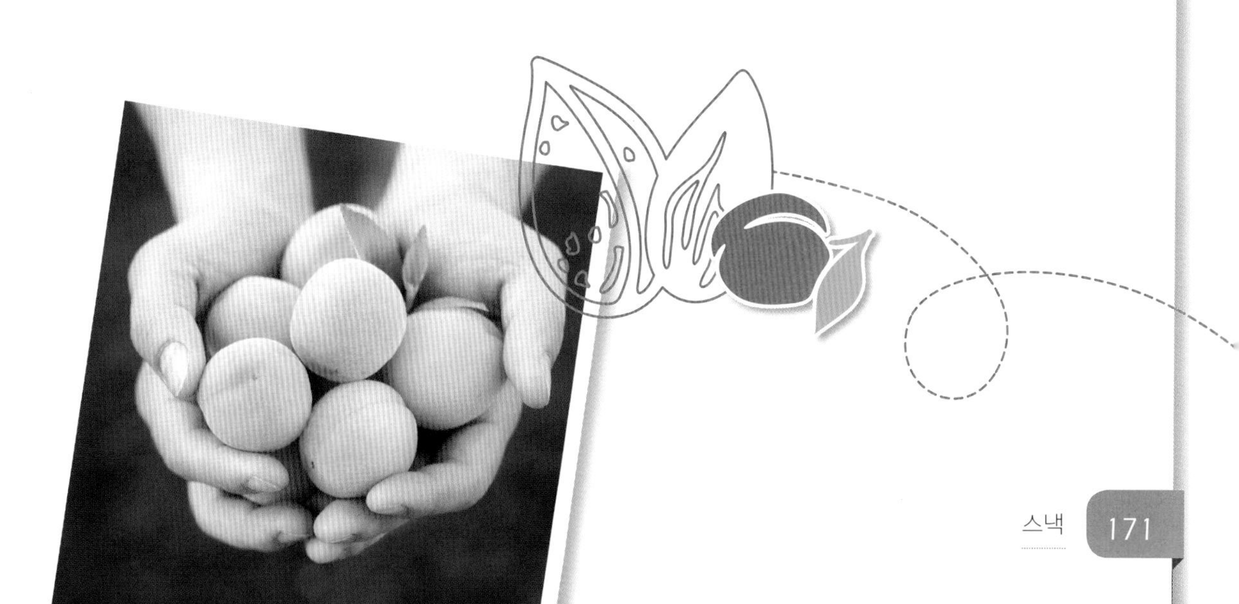

말린 토마토 비스킷

짭짜름한 맛의 중독성 있는 스낵

비스킷 작은 것

재료

압착 귀리 160g
아마씨가루 2큰술
드라이 오레가노 1큰술
큐민 1작은술
스위트 파프리카가루 1작은술
고춧가루 1/2작은술
소금 1/2작은술
두유 또는 비유제품 우유 250mL
선드라이드 토마토 100g
그린 올리브 60g
아몬드 40g
잣 15g

만드는 법

1 선드라이드 토마토·그린 올리브·아몬드는 다진다.
2 오븐을 180℃로 예열한다.
3 20cm 정사각형 팬에 유산지를 깐다.
4 중간 크기의 볼에 귀리, 아마씨가루, 오레가노, 큐민, 파프리카가루, 고춧가루, 소금을 넣고 섞는다.
5 비유제품 우유를 추가로 넣고 잘 섞은 후 10분간 한쪽에 둔다.
6 다른 볼에 토마토, 그린 올리브, 아몬드, 잣을 넣고 잘 섞은 후 ⑤에 넣고 섞는다.
7 ③의 팬에 ⑥의 반죽을 올리고 오븐에서 23분간 굽는다.
8 10분간 식힌 후 적당한 크기로 썬다.

Tip 밀폐용기에 보관할 경우 사흘간 냉장 보관이 가능하다.

Tip 말린 토마토와 올리브에 짠맛이 들어 있기 때문에
기호에 따라 소금 양을 줄이거나 뺀다.

퀴노아 *포리지

간단한 아침 식사로 추천하는 메뉴

재료

퀴노아 1컵(190g)
아몬드 밀크, 두유, 라이스 밀크 또는 코코넛 밀크 480mL
소금 약간
메이플시럽 2큰술(추가 토핑)
계핏가루 $^{1}/_{2}$작은술
바닐라 익스트랙트 $^{1}/_{2}$작은술
잘게 다진 견과류(호두, 피칸 아몬드 등) 40g
베리류(선택)

만드는 법

1 퀴노아를 망이 작은 체에 넣고 헹군 후 한쪽에 둔다.
2 비유제품 우유를 중간 크기의 냄비에 붓는다. 중간 불로 우유가 부글부글 끓을 때까지 거품기나 나무숟가락으로 저어가며 끓인다.
3 ②의 우유에 퀴노아와 소금을 넣고 잘 섞는다.
4 불을 줄이고 10분간 냄비 뚜껑을 덮어 끓인다.
5 뚜껑을 열고 메이플시럽과 계핏가루를 넣는다.
6 뚜껑을 덮고 10분간 퀴노아에 물기가 흡수될 때까지 끓인다. 퀴노아 농도가 걸쭉해지면 불을 끈다.
7 바닐라 익스트랙트를 넣는다.
8 따뜻한 상태에서 견과류와 베리류를 넣는다.

* 포리지(Porridge): 우유나 물을 부어 죽처럼 걸쭉하게 끓인 음식. 유럽에서 즐겨 먹는 따뜻한 죽 형태의 아침식사.

스코틀랜드식 크래커

재미있는 모양의 달콤하고 짭짤한 크래커

재료

퀵오트밀 80g
압착 귀리(오트밀) 100g
통밀가루 80g+여분
설탕 1작은술
굵은소금 1작은술
올리브 오일 3큰술+1작은술
뜨거운 물 5큰술
파슬리 잎 10장

만드는 법

1 오븐을 180℃로 예열하고 올리브 오일 1작은술을 오븐팬에 얇게 바른 후 유산지를 깐다.
2 두 종류의 오트밀을 잘 섞은 후 통밀가루, 소금 절반, 설탕, 올리브 오일을 넣고 섞는다.
3 ②의 혼합물에 뜨거운 물을 부으면서 반죽이 뭉쳐질 때까지 섞다가 파슬리를 넣은 후 필요시 뜨거운 물을 좀 더 부어 반죽한다. 반죽을 10분간 놓아둔다.
4 여분의 통밀가루를 뿌리며 ③의 반죽을 0.5cm 두께로 민다.
5 쿠키 커터를 이용해 반죽을 재미있는 모양으로 찍는다.
6 ⑤ 위에 남은 소금을 골고루 뿌린다.
7 ⑥을 ①의 오븐팬에 올린 후 옅은 갈색이 될 때까지 오븐에서 20~30분간 굽는다.

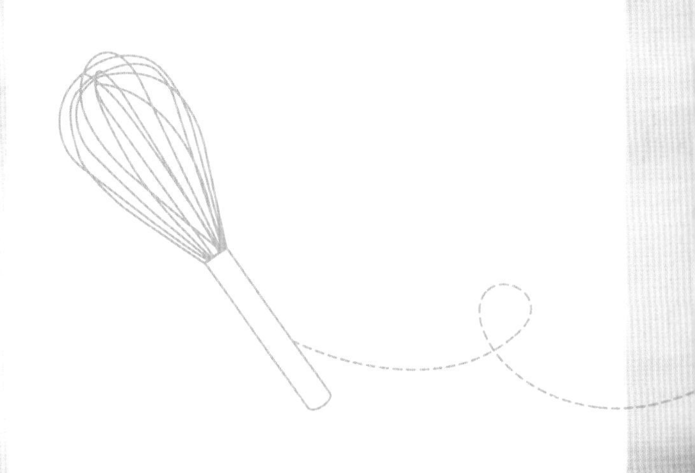

디저트

Tip 차갑게 식힌 가나슈를 컵케이크에 듬뿍 얹고 스프링클로 장식한다.

초코 컵케이크

특별한 날을 위한 한입 크기의 간식

재료

컵케이크

아몬드 밀크, 두유 또는 라이스 밀크 250mL
식초 1작은술
밀가루 175g
설탕 200g
코코아파우더 35g
베이킹파우더 1/2작은술
베이킹소다 1/2작은술
소금 1/2작은술
코코넛 오일 5큰술
바닐라 익스트랙트 2작은술
아몬드 익스트랙트 1/4작은술

가나슈

아몬드 밀크 또는 비유제품 우유 4큰술
잘게 썬 비유제품 초콜릿(60% 코코아 추천) 100g
메이플시럽 2큰술
스프링클 적당량

만드는 법

컵케이크

1 오븐을 180℃로 예열하고 머핀팬에 컵케이크 유산지를 깐다.
2 작은 볼에 비유제품 우유와 식초를 넣고 저은 후 엉겨붙도록 잠시 놓아둔다.
3 좀 더 큰 볼에 밀가루, 설탕, 코코아파우더, 베이킹파우더, 베이킹소다, 소금을 체를 쳐 넣은 후 섞는다.
4 ②에 코코넛 오일, 바나나 익스트랙트, 아몬드 익스트랙트를 넣어 한 번 더 저은 후 ③의 건조한 재료와 섞어 부드럽게 될 때까지 섞는다.
5 ④의 혼합물을 컵케이크 유산지의 2/3 정도까지 채운 후 18~20분간 오븐에서 굽는다. 또는 이쑤시개로 가운데 부분을 찔러 묻어나오지 않을 때까지 굽는다. 너무 오래 굽지 말 것!
6 머핀팬에서 꺼내기 전 충분히 식힌다.

가나슈

1 작은 소스팬에 아몬드 밀크를 넣고 서서히 끓인다.
2 불을 끄고 초콜릿과 메이플시럽을 섞어 부드럽게 될 때까지 섞는다.
3 ②의 가나슈가 식으면 컵케이크 위에 듬뿍 얹는다.
4 스프링클을 뿌린다.

사과 크리스피

간단히 준비할 수 있는 사과 디저트

Tip 두유 아이스크림과 함께 먹으면 더 맛있다.

Tip 색감을 좋게 하기 위해 베리류를 첨가해도 된다.

재료

필링

그래니 스미스 사과(파란 사과) 6~8개(1.8kg)
설탕 105g
레몬즙 4큰술
옥수수가루 1큰술
계핏가루 1작은술
넛맥 1/2작은술
올스파이스가루 1/4작은술
클로브(정향)가루 1/8작은술

토핑

귀리 90g
중력분 95g
설탕 110g
베이킹파우더 1/2작은술
계핏가루 1/2작은술
소금 1/4작은술
코코넛 오일 80mL
아몬드 밀크, 두유, 라이스 밀크 등 비유제품 우유 3큰술
바닐라 익스트랙트 1작은술

만드는 법

필링

1 오븐을 180℃로 예열한다.
2 큰 그릇에 모든 재료를 넣고 섞는다.
3 얇게 기름을 두른 33X28cm 팬에 섞은 재료를 펴놓는다.

토핑

1 중간 크기의 볼에 귀리, 중력분, 설탕, 베이킹파우더, 계핏가루, 소금을 넣고 섞는다.
2 코코넛 일, 두유, 익스트랙트를 넣고 반죽의 결이 부드러워질때까지 손으로 섞는다.
3 만들어놓은 필링 위에 ②를 뿌리듯이 고르게 올린다.
4 토핑이 연한 갈색이 될 때까지 45분간 오븐에서 굽는다.
5 15분간 식힌 후 차려 낸다.

바나나 파운드케이크

달콤하고 풍미 가득한 오후 간식

재료

바나나 3개
아몬드 밀크 또는 두유 125mL
포도씨유 또는 식물성 기름 60mL
설탕 135g
바닐라 익스트랙트 1작은술
통밀가루 120g
중력분 165g
베이킹소다 2작은술
소금 1/2작은술
다진 피칸 또는 호두 40g
말린 크랜베리 40g

만드는 법

1 바나나는 껍질을 벗겨 으깬다.
2 오븐을 190℃로 예열하고 오일을 얇게 바른 파운드팬을 준비한다.
3 큰 볼에 으깬 바나나, 아몬드 밀크, 포도씨유, 설탕, 바닐라 익스트랙트를 넣고 매끄러워질 때까지 섞는다.
4 다른 큰 볼에 통밀가루, 중력분, 베이킹소다, 소금을 넣고 섞는다.
5 ③과 ④의 재료를 잘 섞은 후 견과류와 크랜베리를 넣어 부드럽게 섞고 ②의 파운드팬에 붓는다.
6 오븐 중간 랙에 넣고 이쑤시개로 가운데 부분을 찔러 묻어나오지 않을 때까지 50~60분간 굽는다.
7 다 익은 바나나 케이크는 파운드팬에서 꺼내 식힘망에서 식힌다.

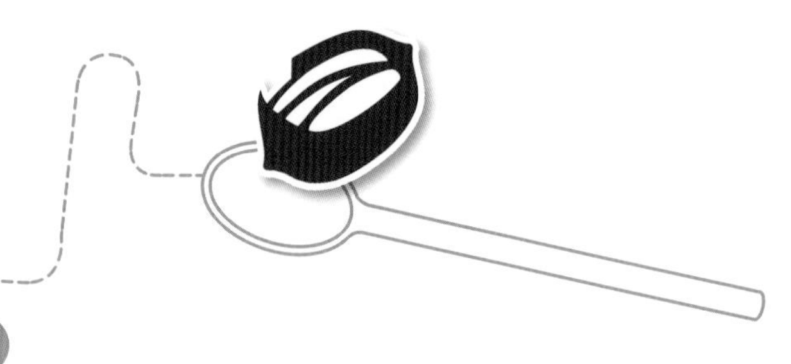

Tip

크랜베리 대신 다크 초콜릿칩으로 대체하면
완전히 새로운 맛을 즐길 수 있다.

Tip 밀폐용기에 넣어 냉장 보관한다.

호두 퍼지 브라우니

맛있는 초콜릿을 마음껏 즐길 수 있는

재료

중력분 60g
통밀가루 30g
설탕 200g
코코아파우더 80g
베이킹파우더 1/2작은술
소금 약간
다크초콜릿 200g
코코넛 크림 80mL
코코넛 오일 70g
바닐라 익스트랙트 1작은술
옥수수가루 1큰술
(+물 2큰술)
사과소스(무가당) 160g
다진 호두 50g

만드는 법

1 오븐을 175℃로 예열한다.
2 20cm 정사각형 베이킹팬에 유산지를 깐다.
3 큰 볼에 중력분, 통밀가루, 설탕, 코코아파우더, 베이킹파우더, 소금을 넣고 섞는다.
4 소스팬에 코코넛 크림과 다크초콜릿을 섞어 담고 뜨거운 물 위에 올려 중탕으로 녹인다.
5 ④의 팬에 코코넛 오일, 바닐라 익스트랙트, 옥수수가루와 물을 섞은 것, 사과소스를 넣고 섞는다.
6 ③의 볼에 ⑤의 초콜릿 혼합물을 넣고 저은 후 토핑용을 남겨두고 호두의 반만 반죽에 넣어 살짝 섞는다.
7 잘 섞인 반죽을 ②의 팬에 붓고 표면을 평평하게 해준다.
8 남은 토핑용 호두를 ⑦ 위에 뿌린다.
9 이쑤시개로 가운데 부분을 찔러 묻어나오지 않을 때까지 30분간 오븐에서 굽는다.
10 다 식은 후 16조각으로 자른다.
11 밀폐용기에 넣어 냉장 보관한다.

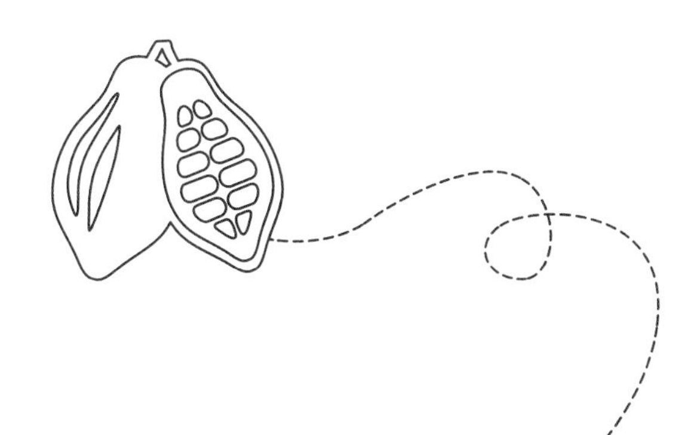

메이플 호두 머핀

우유, 커피, 차 한 잔과 완벽하게 어울리는 한 쌍

또는 원형 케이크 2개

Tip 그냥 먹어도 맛있지만 슈거파우더나 코코넛 휩크림을 뿌려 먹어도 좋다.

재료

머핀

코코넛 오일 105g
설탕 100g
메이플시럽 300mL
사과소스(무가당) 125mL
바닐라 익스트랙트 2작은술
물 125mL
레몬즙 2큰술
중력분 350g
베이킹파우더 2작은술
베이킹소다 2작은술
소금 1/2작은술
계핏가루 1/2작은술
잘게 다진 호두 125g

토핑(선택)

코코넛 크림 1캔(320g)
슈거파우더 2~3큰술
바닐라 또는 코코넛 익스트랙트 1작은술

만드는 법

머핀

1 오븐을 180℃로 예열하고 컵케이크팬(머핀팬)을 준비한다(원형 케이크팬을 이용한다면 다 굽고 나서 틀에서 쉽게 분리되도록 얇게 오일을 바른 후 밀가루를 뿌려두거나 유산지를 깐다).
2 중간 크기의 볼에 코코넛 오일과 설탕을 넣고 핸드블렌더를 중저속으로 완전히 섞일 때까지 젓는다.
3 ②에 메이플시럽, 사과소스, 바닐라 익스트랙트, 물, 레몬즙을 넣는다.
4 큰 볼에 중력분, 베이킹파우더, 베이킹소다, 소금, 계핏가루를 넣고 섞는다.
5 ③과 ④를 살짝 섞는다. 너무 오래 섞지 않도록 한다.
6 호두를 넣고 살짝 섞는다.
7 ⑥의 반죽을 컵케이크팬에 붓는다.
8 이쑤시개로 가운데 부분을 찔러 묻어나오지 않을 때까지 18~20분간 오븐에서 굽는다. 원형 케이크팬에 굽는다면 약 25분간 굽는다.
9 10분간 식혀서 차려 낸다.

토핑(선택)

1 코코넛 크림을 하루 정도 냉장고에 둔다.
2 캔을 열어 단단하게 굳은 부분만 떠낸다.
3 슈거파우더와 바닐라 또는 코코넛 익스트랙트를 넣어 섞는다.
4 핸드블렌더를 이용해 단단하게 거품을 만들어 식힌 머핀 위에 올린다.

초콜릿과 땅콩버터 강정

어린이와 어른 모두에게 사랑받는 맛!

Tip 밀폐용기에 넣어 냉장 보관한다.

재료

쌀튀밥 75g
땅콩버터 125mL+1큰술
소금 약간
물엿 또는 아가베시럽 125mL
바닐라 익스트랙트 1작은술
다진 다크초콜릿 250g
다크초콜릿 칩 1/4컵(선택)

만드는 법

1 20cm 정사각형 팬에 유산지를 깐다.
2 쌀튀밥을 큰 볼에 넣는다. 다크초콜릿 칩을 추가해도 된다.
3 약한 불에 작은 소스팬을 올리고 땅콩버터, 소금, 물엿, 바닐라 익스트랙트를 넣고 잘 섞어 녹을 때까지 젓는다.
4 ②의 볼에 ③을 부어 살살 섞는다.
5 팬에 옮겨 넣는다.
6 ⑤의 팬에 유산지를 올려놓고 손으로 눌러가며 평평하게 한다.
7 ⑥을 30분간 냉장고에서 굳힌다.
8 다진 다크초콜릿, 땅콩버터 1큰술을 가열 가능한 볼에 담아 뜨거운 물에 중탕해(물은 2cm 높이면 충분하다), 부드럽게 녹을 때까지 젓는다.
9 ⑦을 꺼내 녹인 다크초콜릿을 붓고 스패튤라로 표면을 정리한다.
10 ⑨를 다시 냉장고에 넣어 굳힌다.
11 사각으로 잘라낸다.

커피 케이크

티타임에 어울리는 가벼운 식감의 시나몬 커피 케이크

재료

통밀가루 120g
중력분 180g
설탕 220g
계핏가루 1작은술
올스파이스가루 1/2작은술
넛맥 3/4작은술
코코넛 오일 170mL
다진 밤, 피칸 또는 호두 65g(선택)
베이킹파우더 3작은술
아몬드 밀크, 두유, 라이스 밀크 등 비유제품 우유 300mL
건포도 75g(선택)

만드는 법

1 오븐을 190℃로 예열하고 파운드팬에 얇게 오일을 바른다.
2 큰 볼에 통밀가루, 중력분, 설탕, 계핏가루, 올스파이스가루, 넛맥을 담고 코코넛 오일과 견과류를 넣어 섞는다.
3 ②에서 토핑용으로 1컵 정도 덜어 한쪽에 둔다.
4 ②의 볼에 베이킹파우더, 비유제품 우유, 건포도를 넣고 부드러운 반죽이 될 때까지 섞는다.
5 파운드팬에 ④의 반죽을 부은 후 따로 남겨둔 토핑가루 1컵을 반죽 위에 뿌린다.
6 이쑤시개로 가운데 부분을 찔러 묻어나오지 않을 때까지 30분간 오븐에서 굽는다.
7 20~30분간 틀째로 식힌다.

오트밀 쿠키

달콤하고 쫀득한 쿠키 간식

재료

피칸 100g
압착 귀리 170g
중력분 95g
설탕 85g
베이킹소다 1작은술
계핏가루 1/2작은술
소금 1/2작은술
대추야자시럽 115mL
코코넛 오일 3 1/2큰술
아몬드 밀크 또는 두유 2큰술
바닐라 익스트랙트 2작은술
대추야자 5개
다크초콜릿 칩 45g

만드는 법

1 오븐을 180℃로 예열하고 베이킹팬에 유산지를 깐다.
2 프라이팬에 피칸을 살짝 구워 식힌다.
3 푸드프로세서나 블렌더에 구운 피칸과 귀리 절반을 넣고 간다. 이때 너무 곱게 갈지 않아도 된다.
4 큰 볼에 ③의 혼합물과 남은 귀리, 중력분, 설탕, 베이킹소다, 계핏가루, 소금을 넣고 섞는다.
5 중간 크기 볼에 대추야자시럽, 코코넛 오일, 아몬드 밀크, 바닐라 익스트랙트를 넣고 젓는다.
6 ④의 볼에 ⑤의 재료를 넣고 잘 섞는다.
7 작은 볼에 씨를 빼고 잘게 다진 대추야자를 1/2~1작은술의 중력분에 굴린다(서로 달라붙는 것을 막기 위해서다).
8 ⑦의 대추야자와 초콜릿 칩을 ⑥의 반죽에 넣어 섞는다.
9 ⑧을 한 숟가락씩 떠서 동그랗게 만들어 베이킹팬에 올린다.
10 ⑨를 오븐에 넣고 먹음직스러운 갈색이 될 때까지 12분간 굽는다.
11 식혀서 낸다.

그냥 먹어도 맛있지만 슈거 아이싱으로 장식해도 좋다. **Tip**

초콜릿 가나슈나 코코넛 휩크림과 함께 내면 더 특별해진다. **Tip**

클래식 당근 케이크

영양까지 풍부한 맛있고 촉촉한 디저트

33X23cm 크기

재료

설탕 440g
포도씨유 또는
식물성 오일 250mL
물 또는 두유 375mL
호밀가루 250g
통밀가루 250g
베이킹파우더 2작은술
베이킹소다 2작은술
소금 1작은술
계핏가루 1 1/2작은술
올스파이스가루 1/2작은술
강판에 간 당근 270g
건포도 75g(선택)
다진 견과류 130g(선택)

만드는 법

1 오븐을 180℃로 예열한다. 얇게 오일을 바르고 밀가루를 뿌린 33 X 23cm 직사각형 팬을 준비한다.

2 큰 볼에 설탕과 포도씨유를 넣어 섞는다.

3 ②에 물 또는 두유를 넣고 잘 섞는다.

4 중간 크기의 볼에 호밀가루, 통밀가루, 베이킹파우더, 베이킹소다를 체를 쳐서 넣고 소금, 계핏가루, 올스파이스가루를 추가한 후 ③의 혼합물과 섞는다.

5 당근, 건포도, 견과류를 넣는다.

6 ⑤를 팬에 붓고 이쑤시개로 가운데 부분을 찔러 묻어나오지 않을 때까지 35~40분간 오븐에서 굽는다.

7 충분히 식힌 후 낸다.

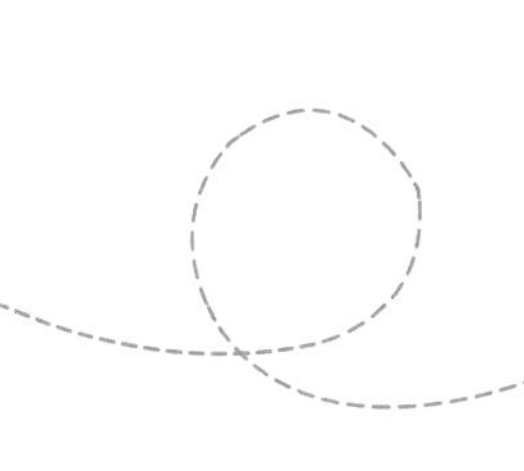

과일 샐러드

신선하고, 다양한 색깔의
완벽한 디저트

재료

바나나 2개
딸기 8개
키위 4개
스타프루트 2개
레드커런트 1/2컵
가시배(프릭클리 페어) 1개
복숭아 또는 천도복숭아 4개
감 2개
레몬 또는 라임 1개(선택)

만드는 법

1 바나나, 키위, 레몬을 제외한 준비한 모든 과일을 손질해 먹기 좋은 크기로 자른다.
2 큰 볼에 과일을 담아 조심스럽게 섞는다.
3 레몬 또는 라임을 잘라 즙을 내 ②의 과일 샐러드에 뿌린다.

어른의 감독 하에 날카롭지 않은 안전한 칼을 사용해 어린아이들과 함께 만들면 좋다. Tip

파인애플, 천도복숭아, 블루베리, 수박, 참외, 포도 등 다양한 제철 과일을 사용하면 된다.

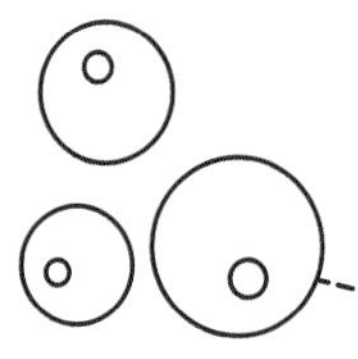

트로피컬 프루트 케이크

모던한 스타일로 구운 맛있는 간식

재료

바나나 2~3개
설탕 100g+2큰술
파인애플 통조림 250mL
코코넛 밀크 125mL
오렌지 또는
파인애플주스 60mL
오렌지제스트 1작은술
코코넛 오일 60mL
중력분 110g
통밀가루 120g
베이킹소다 1작은술
소금 1/2작은술
생강가루·올스파이스가루
약간씩
계핏가루 1작은술
코코넛 팬시스레드(코코넛롱)
50g
피칸 80g(선택)

만드는 법

1 오븐을 180℃로 예열하고 파운드팬에 얇게 오일을 바른다.
2 큰 볼에 잘 익은 바나나를 으깬 후 설탕, 물기를 빼고 잘게 다진 파인애플, 코코넛 밀크, 주스, 오렌지제스트, 코코넛 오일을 넣고 잘 섞는다.
3 중력분, 통밀가루, 베이킹소다, 소금, 계핏가루, 생강가루, 올스파이스가루를 넣는다.
4 ②와 ③의재료를 잘 섞는다.
5 ④에 코코넛롱과 다진 피칸을 넣고 살살 섞는다.
6 파운드팬에 ⑤의 반죽을 붓는다. 알갱이가 굵은 우박설탕 1큰술을 위에 뿌려도 좋다.
7 이쑤시개로 가운데 부분을 찔러 묻어나오지 않을 때까지 45~50분간 오븐에서 굽는다.
8 팬에서 꺼내 20분간 식힌 후 차려 낸다.

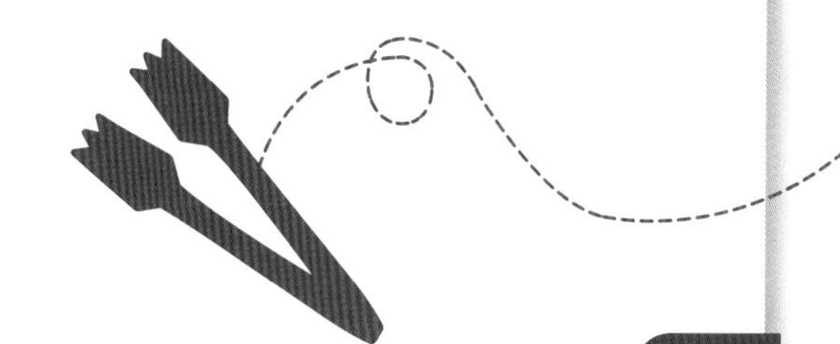

Tip 케이크 위에 다크초콜릿 가나슈 또는 코코넛 크림을 얹거나 아이싱슈거 또는 파우더슈거를 뿌려낸다.

초콜릿 케이크

파티용으로 추천하는 맛있는 초콜릿 케이크

또는 둥근 케이크 2개

재료

설탕 570g
포도씨유 240mL(다른 오일로 대체 가능)
옥수수가루 1큰술(+물 2큰술)
사과소스 4큰술
바닐라 익스트랙트 2작은술
코코아가루 85g
중력분 420g
소금 1/2작은술
베이킹소다 1 1/2작은술
베이킹파우더 2작은술
뜨거운 물 240mL
(선택: 인스턴트커피 2작은술과 섞어 사용)

만드는 법

1 오븐을 180℃로 예열한다.
2 얇게 오일을 바르고 밀가루를 뿌린 팬에 유산지를 깐다.
3 큰 볼에 설탕, 포도씨유, 옥수수가루와 물을 섞은 것, 사과소스, 바닐라 익스트랙트를 넣는다.
4 부드러워질 때까지 거품기로 섞는다.
5 중간 크기의 볼에 코코아가루, 중력분, 소금, 베이킹소다, 베이킹파우더를 체에 쳐서 넣는다.
6 ④에 ⑤의 가루류를 넣고 뜨거운 물이나 커피를 섞은 물을 넣어 반죽한다.
7 팬에 반죽을 붓고 이쑤시개로 가운데 부분을 찔러 묻어나오지 않을 때까지 35~40분간 오븐에서 굽는다.
8 10분 정도 식힌 후 차려 낸다.

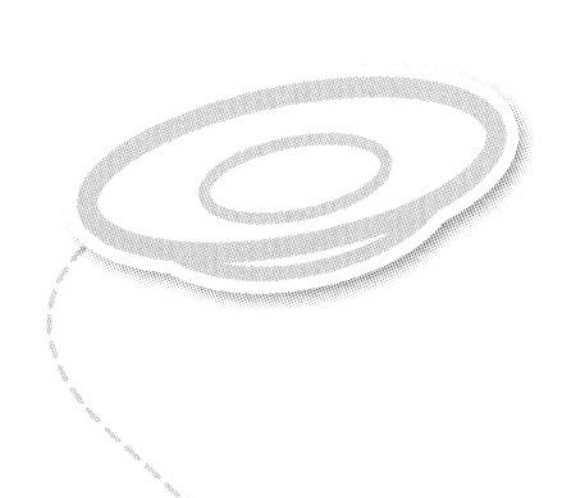

우리 아이가 주방에서 할 수 있는 일

건강한 식습관을 가르치는 중요한 방법 중 하나는 아이들이 직접 식사 준비에 참여하도록 하는 것이다. 이 과정에서 아이들은 기초 영양성분뿐 아니라 식재료, 전자제품, 조리도구의 위생적이고 안전한 사용법도 배우게 된다. 간단한 일을 하며 주방에서 필요한 적절한 기술을 익히는 것은 아이들의 개별 능력치에 따라 다르다. 다음은 아이들이 평균 연령별로 시도할 수 있는 능력과 기술을 정리해놓은 목록이다.

우리 아이가 주방에서 배울 수 있는 일

음식 준비와 영양성분에 대해 배우는 것 외에도 아이들은 부엌에서 감각 경험 및 화학 반응, 사물의 물리적 특성 등을 관찰하며 이 세상을 구성하는 다양한 요소에 대해서도 알게 된다. 물건을 세어보거나 측정하고, 순서를 나열하고, 시간 관리를 하면서 수리적 능력도 기를 수 있다. 또한 레시피나 포장지에 적힌 내용을 읽고 단어를 습득하면서 읽기 능력을 향상시키며, 하나의 완성품을 만드는 과정에서 독립성, 체계성, 성취감 같은 사회적·감정적 기술도 습득하게 된다.

2~5세 아동

- 가볍게 반죽 섞기
- 신선한 과일과 채소 씻기
- 조리된 채소나 부드러운 과일 으깨기
- 쿠키 또는 비스킷 커터 사용하기
- 뭉툭한 칼이나 플라스틱 칼로 부드러운 과일 또는 채소 자르기
- 물이나 말린 재료 측정하기
- 식탁 닦기
- 재료 꺼내놓기
- 고명 얹기

6~8세 아동

- 컵케이크와 쿠키 장식하기
- 통조림 따개, 주서기, 갈릭 프레스 사용하기
- 과일과 채소 껍질 벗기기
- 파이나 타르트 반죽을 섞고 롤링하기
- 과도 같은 작은 칼 사용하기
- 육류나 생선 반죽으로 패티 만들기
- 포장 용기 개봉하기
- 식단 계획 돕기
- 레시피나 안내서 읽기

9~12세 아동

- 채소를 다듬거나 자르기
- 주방칼 같은 큰 칼 사용하기
- 푸드프로세서, 블렌더, 스탠드 믹서기, 철판, 파니니 프레스, 와플 메이커 사용하기
- 간단한 빵이나 머핀 만들기
- 도우 반죽하고 발효시키기
- 수프 조리하기
- 밥 짓기
- 채소 굽기
- 식기세척기에 그릇 담고 빼내기

13~16세 아동

- 모든 주방 도구를 안전하고 위생적으로 사용하기
- 잘게 썰기, 깍둑썰기, 다지기 등 각종 재료 손질
- 효모 반죽이나 페이스트리 같은 복잡한 빵 만들기
- 리소토 만들기
- 볶음 또는 튀김 요리
- 메뉴를 계획하고, 쇼핑 목록 작성 및 장보기
- 어린아이 가르치기

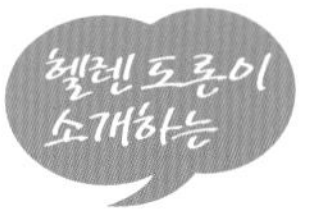

눈과 입이 즐거운

전세계 채식요리

발행일 | 2018년 7월 10일 제1판 1쇄 발행

발행인 | 박태신
저자 | 헬렌 도론(Helen Doron)
감수 | 이은숙(쿠켄 편집장)
번역 | 헬렌도론코리아
진행 | 김정은
사진 | 아사프 암브람(Assaf Ambram)
디자인 | 이진우
교정교열 | 고연주

발행처 | (주)미디어컴퍼니쿠켄 서울시 중구 동호로 228-1
Tel 02_2235_2665 Fax 02_2235_2664
인쇄 | 팩컴코리아
값 15,000원

ISBN 978-89-93991-17-8 13590
CIP제어번호 CIP2018016596

Helen Doron's Healthy&Delicious
Exciting recipes for the whole family

재료조사 Shira Waldman
편집 인쇄 Helen Doron, Ariela Federman, Shira Waldman
교정 Debra Halpert
그래픽디자인 Ronit Shahar, Einat Raz
사진 Assaf Ambram
요리 Anat Lobel
푸드스타일링 Dalit Russo
영양감수 Shirly Cummings
사진자료 Istockphoto.com:tatyana tomsickova, Daniel Timiraos, emholk, ArtMarie, sturti, vicuschka, erierika, andresr, Jasmina007, pederk

ISBN 978-965-7069-72-1 | **PN** 13980001